U0342062

国家自然科学基金项目（50574007，51204093）
辽宁科技大学学术著作出版基金资助项目

聚合射流氧枪应用基础

刘 坤 冯亮花 吕国成 著

北 京
冶 金 工 业 出 版 社
2014

内 容 提 要

本书共5章，基于空气动力学、自由湍流射流、燃料燃烧及相似理论等诸多学科的基础理论，介绍了聚合射流氧枪的基础知识、理论基础及实验研究，通过实验室射流冷态测试实验、水力学模型实验、射流热态测试实验及数值模拟等研究方法，系统地研究了聚合射流氧枪氧气射流行为特征及与炼钢熔池相互作用规律。

本书可供从事冶金与热能领域的科研、生产、设计、管理、教学人员阅读。

图书在版编目（CIP）数据

聚合射流氧枪应用基础／刘坤，冯亮花，吕国成著．—北京：冶金工业出版社，2014.9
ISBN 978-7-5024-6661-9

Ⅰ.①聚… Ⅱ.①刘… ②冯… ③吕… Ⅲ.①聚合—射流—吹氧管 Ⅳ.①TF724.3

中国版本图书馆 CIP 数据核字（2014）第 215186 号

出 版 人　谭学余
地　　址　北京市东城区嵩祝院北巷 39 号　邮编　100009　电话　(010)64027926
网　　址　www.cnmip.com.cn　电子信箱　yjcbs@cnmip.com.cn
责任编辑　曾　媛　美术编辑　杨　帆　版式设计　孙跃红
责任校对　郑　娟　责任印制　李玉山
ISBN 978-7-5024-6661-9
冶金工业出版社出版发行；各地新华书店经销；北京百善印刷厂印刷
2014 年 9 月第 1 版，2014 年 9 月第 1 次印刷
169mm×239mm；7.25 印张；137 千字；104 页
39.00 元

冶金工业出版社　投稿电话　(010)64027932　投稿信箱　tougao@cnmip.com.cn
冶金工业出版社营销中心　电话　(010)64044283　传真　(010)64027893
冶金书店　地址　北京市东四西大街 46 号(100010)　电话　(010)65289081(兼传真)
冶金工业出版社天猫旗舰店　yjgy.tmall.com

前　　言

氧枪是现代氧气炼钢的关键设备，氧枪喷头又是构成氧枪的关键部件，喷头所具有的射流特性和较高的耐用性将直接影响到炼钢生产的产量、质量、原材料消耗、生产作业率和环境等重要指标。美国最新开发的普莱克斯聚合射流技术为提高电炉以及用来生产不锈钢、铁合金的各种转炉气体炼钢工艺操作性能提供了可能。如将聚合射流技术应用于转炉炼钢生产，将原来的普通超声速氧气射流转变为聚合射流，将为钢水内气泡的迁移提供足够的动能且减少喷溅的发生，这不仅可使转炉在不安装底部供气元件的情况下达到顶底复吹的效果，而且使企业无需在底吹系统上花费精力和财力，同时解决了转炉溅渣护炉工艺炉龄提高而底枪寿命不能与其同步的问题。

聚合氧气射流对金属熔池产生的搅拌作用主要是由射流本身的特性决定的，研究聚合射流的轴线速度衰减规律、径向扩展规律及对周围气体的卷吸行为，对理解聚合射流氧枪对熔池的相互作用具有重要的意义。《聚合射流氧枪应用基础》一书的基础理论部分涉及空气动力学、自由湍流射流、燃料燃烧及相似理论等诸多学科的理论。书中分别采用实验室射流测试实验、水模型实验、热态模拟实验及数值模拟等研究方法，系统地研究了聚合射流氧枪氧气射流行为特征及与炼钢熔池相互作用规律，其目的是为此技术的应用提供理论基础。

目前，聚合射流氧枪技术仅在国内几家钢厂的电炉上得到初步应用，其技术尚未公开。该项技术在转炉炼钢上的应用，国外仍处于工业试验阶段，而国内尚属空白。为此，针对超声速聚合射流氧枪射流行为特征的数学物理模拟研究将为研制聚合射流氧枪及其在电炉、转炉中的应用起到一定的借鉴和指导作用，对于我国炼钢生产的进一步发展具有重要的理论价值和现实意义。

本书是在国家自然科学基金（50574007，51204093）的资助下完成的研究结果，在课题研究和本书的出版过程中，得到了东北大学朱苗勇教授的耐心指导和鼓励，以及合作单位中钢集团热能研究院吕英华院长、高级工程师库文建、高茵及李志强等的大力支持；作者所在课题组的研究生们为本书初稿的完成付出了大量辛勤的劳动；同时还获得了辽宁科技大学学术著作出版基金资助，在此一并表示感谢！

由于编者水平所限，不足之处在所难免，恳请读者批评指正。

刘　坤

2014 年 5 月

目 录

1 绪　　论

1.1 引言

在冶金行业的炼钢过程中，氧枪是炼钢生产中向炉内吹氧的专用设备，是炼钢生产的关键设备之一。它是随着氧气炼钢的发展而发明、发展起来的。第一次用氧枪从炉子上部吹入纯氧冶炼钢水的实验于 1948 年 3 月在瑞士获得成功。至今，不管是转炉还是电炉，甚至是炉外精炼都离不开氧枪。炼钢吹氧时，氧枪使氧气射流在喷头的出口处具有一定的速度和较大的动能，这样氧气射流就能以一定的速度冲击熔池中的液体金属，起到供氧和搅拌作用，使转炉具有较高的反应速度和较高的热效率[1]。因此，氧枪是炼钢的关键设备。

然而喷头又是构成氧枪的中心环节，对喷头的主要要求为应具有良好的射流特性和较高的耐用性。随着转炉大型化的发展，氧枪喷头孔型由直筒型向拉瓦尔型、孔数由单孔向多孔发展。为了具有较强的熔池搅拌作用，氧气喷头一般都采用拉瓦尔型，使喷头出口流速达到超声速，但因射流由喷头射出后，周围气体将卷入射流中，降低了射流流速，需通过缩短氧气喷头到钢液面距离来保持射流到达熔池时的速度，这样使氧气喷头处于高温较恶劣的环境之中，并易于黏结喷溅的钢渣产生烧枪缩短氧枪喷吹寿命。同时，喷头出口气流马赫数大于 2 时，随喷头滞止压力提高，流速增加较低，即喷头流速的增加受到限制。为了解决顶吹氧枪搅拌能力不足的问题，国内外采用底吹惰性气体的顶底复吹冶炼工艺，取得了搅拌好、不易喷溅、渣中氧化铁含量低、金属收到率高、与顶吹相比能够冶炼更低含碳量钢种等效果，但是顶底复吹冶炼工艺底枪维护困难，寿命较低，与经过溅渣护炉工艺提高的转炉炉龄不能同步。

最新开发的美国普莱克斯聚合射流技术是氧气喷吹技术的一部分，它用来向电弧炉高效率熔池喷枪、泡沫渣、二次燃烧、烧嘴操作提供一套全自动的方法和完整一体的系统。聚合射流是突破性技术，为 BOF、QBOP，以及用来生产不锈钢、铁合金的各种炉窑工艺操作性能的提高提供了可能。

如果将聚合射流应用于转炉炼钢生产，将原来的普通超声速氧气射流转变为聚合射流，将具有更大的熔池穿透深度，不形成明显的射流冲击，减少了喷溅的发生，为钢水内气泡的迁移提供了足够的动能。这使转炉在不安装底部供气元件的情况下达到顶底复吹效果，使企业无需在底吹系统上花费精力和财力，解决转炉溅渣护炉工艺炉龄提高而底枪寿命不能与其同步的问题，改善冶炼效果，降低能耗，提高氧枪寿命。该项技术在我国的推广和应用，会为我国的钢铁企业带来很大的经济效益，并将成为钢铁界继溅渣护炉技术后的又一项伟大技术性革命。

1.2 氧枪概述

1.2.1 氧枪的分类及发展

氧枪有很多种类，按照炉子的种类可以分为转炉氧枪、电炉氧枪；按照喷头孔型可以分为直筒型、拉瓦尔型及特殊孔型氧枪。近年来还出现了诸如“突扩”、“旋转”等特殊孔型喷头的氧枪。按照氧枪喷头的制造方法可以分为锻造头、铸造头和组装式（焊接）喷头氧枪。随着转炉大型化的发展，氧枪经历了由单孔向多孔的发展，孔型由直筒型向拉瓦尔型及螺旋型的发展，近年来又出现了许多新型用途的氧枪，如双流道氧枪、聚合射流氧枪等。

双流道氧枪是20世纪80年代开发的氧枪，其具有主、副两种氧气喷孔，主喷孔的氧气流股进行吹炼，副喷孔的氧气流股将炉内生成的CO氧化成CO_2，强化供热，增加废钢装入量，同时，将乳化渣中的铁粒氧化，加速冶金反应。因此，双流氧枪使转炉的自身能量在转炉内得到了充分利用，是良好的强化冶炼和节能设备，具有较高的技术经济效益。

聚合射流氧枪是90年代末研制的新型的氧枪，它能产生长距离保持初始出口直径、速度及动量的射流，相同距离时射流的冲击能力远大于传统超声速气体射流，可促进钢渣反应、均匀成分和温度、减少喷溅、提高氧气利用率、提高金属收得率。同时因穿透能力加强，枪位可适当提高，降低氧枪喷头消耗。

1.2.2 氧枪的主要设计参数

1.2.2.1 氧气流量和供氧强度

氧气流量：指单位时间内向熔池吹氧的数量，它是根据吹炼每吨金属的耗氧量、金属装入量和供氧时间来决定的。通常采用的是体积流量。

供氧强度：指单位时间内供给每吨钢水的氧量。每吨钢水所需氧量可以根据铁水成分、废钢比、所炼钢种、渣量、渣中FeO含量等已知条件由物料平衡计算得出。供氧时间根据经验确定，它与炉子容量、原料条件、冶炼钢种、造渣制度等因素有关。

氧气流量或供氧强度是氧枪喷头设计的重要初始数据。它与氧枪喷孔的喉道面积大小直接相关。在选定了出口马赫数与氧枪的工作条件之后，喉道面积就只与流量有关。如果喉道面积取大了，氧流量变大，超过了冶炼所需要的强度，就会使化渣去磷与脱碳速度失去平衡，给冶炼带来不利；如果喉道小了，氧流量随之减小，满足不了冶炼所需的强度要求，则会延长冶炼时间，降低生产率。因此，氧气流量或供氧强度的确定是很重要的。

1.2.2.2 输氧管道的压力范围

在氧枪的工作系统中，氧枪喷头前的滞止压力 p_0 所能达到的范围，取决于输氧管道中的压力范围。在氧枪设计中，滞止压力 p_0 是一个重要参数。在一定的炉膛压力 p_c 下，氧枪喷头喷孔出口马赫数 Ma 的确定，主要视滞止压力 p_0 的大小而定。如果所选取的 Ma 高了，则要求的滞止压力 p_0 大，当 p_0 高于输氧管道总管中的压力所能达到的滞止压力时，则氧射流出口条件变为 $p_t/p_c < 1$ ，即为过膨胀气流。这样氧射流出口后将产生压缩波，使射流轴心速度衰减增快，从而减弱了对熔池的冲击能力，达不到供氧强度的要求，势必影响冶炼效果。另一方面，如果设计的滞止压力低，则氧气压力未能充分利用，就会构成浪费。所以在氧枪设计之前，应弄清转炉供氧管道所能提供的压力范围，使设计的滞止压力处于其内，以便既能保证氧枪处在设计点工作，又能有效地利用氧气压力能。

1.2.2.3 炉膛压力

炉膛压力 p_c 与氧枪喷头出口压力 p_t 之比（ p_t/p_c ）决定了氧射流出口后的流动状态。因此，炉膛压力 p_c 是氧枪喷头设计的重要参数之一。在吹炼的过程中，喷头周围的情况是复杂的，炉膛压力也随之变化。另外转炉容量不同，炉膛压力也稍有差异。根据实测数据，一般炉膛压力高于当地大气压 1 ~ 2kPa。为了使氧气射流的展开和速度衰减变慢，一般应选取喷头出口压力等于炉膛压力。

1.2.2.4 枪位高度

枪位高度是指氧枪在冶炼过程中，从喷头端面到熔池铁水表面的垂直高度，即一般冶炼术语中的过程枪位。从喷头的寿命出发，枪位越高越好。因为高枪位在一定程度上可以避免烧枪。但枪位高，在一定的氧射流出口速度的条件下，冲击速度就小了。但为了保证射流对熔池的搅拌能力，就应保证一定的冲击深度。因此，使用枪位的高低，对氧枪喷头喷孔的出口马赫数的选取有着直接的影响。在氧枪喷头设计前，应结合冶炼现场的实际情况选取。

1.2.2.5 出口马赫数

对于几何喷管，出口马赫数 Ma 取决于喷管喉道面积 A 与出口面积 A_t 之比，即 $Ma = f\left(\frac{A}{A_t}\right)$ 。为了在喷管的出口截面上达到 Ma ，则要求出口压力 p_t 与滞止压力 p_0 之比 $\frac{p_t}{p_0}$ 达到一定的比例。随着 Ma 的增大，$\frac{p_t}{p_0}$ 值随之也减小，由于在实际冶炼时，炉膛压力 p_c 变化不大，为使射流在出口截面达到 $p_t = p_c$ 的工作条件，即使氧枪处在设计点工作条件下，大的 Ma 需要的 p_0 值则很大，输氧管道中的压力往往达不到，则出现过膨胀气流。为避免这种现象的出现，喷头设计的 Ma 不应大于2.5。但另一方面由超声速射流衰减规律知道，射流出口马赫数 Ma 越高，射流衰减越慢。在相同的射程内，射流末点的速度高，冲击能量大。由提高枪位避免烧枪和获得大的冲击速度的角度来看，应使喷头设计的 Ma 尽量大。目前，国内外氧枪喷头出口马赫数多选取2.0左右。

1.3 氧枪的工艺要求

氧枪在氧气炼钢生产过程中起着关键作用，炼钢生产对氧枪的要求也越来越高。从设计优化的角度看，主要是射流特性和寿命的影响。射流品质的好坏与喷孔的加工工艺及喷孔尺寸有关，如果喷孔的光滑程度越高、设计尺寸越合理，则氧枪的射流品质越好。枪位的提高可以延长喷头的寿命，但是人们在使用传统超声速射流氧枪进行吹氧冶炼时，为增加氧气对熔池的搅拌，提高脱碳速度和冶炼效率，不得不使用低枪位操作，这就降低了氧枪的寿命；喷头的材质一般使用高导热性和可焊接性的纯铜制作，喷管在加工和使用过程中，因加工误差和腐蚀原因会影响射流出口的压力，操作过程控制氧流量低于设计值时，在喷管附近就易产生负压区，使从喷管喷出的氧射流中的氧与渣铁熔化物中的铁燃烧，产生的热量足以使喷管外沿被熔化，降低喷头寿命[2]。

氧气顶吹转炉炼钢的供热脱碳以及对熔池的搅拌，都借助于氧枪所提供的射流来完成。氧射流的流动状态及对铁水熔池的冲击情况与冶炼效果密切相关。就氧枪的基本功能来说，它是个能量转换器，通过它将输入氧道内的压力能转化为动能。所以由能量转换角度来看，氧枪喷头优劣的评定标准应是能量转化过程损失的大小，而从氧枪喷头产生的射流对熔池的搅拌作用来看，氧枪评定的标准应是产生冶炼所需要的射流特性。而射流特性，则与喷头的结构参数、加工制造情况，以及使用时的条件等有关。因此，合理地确定喷头的结构参数，设计与制造出满足生产实际需要的氧枪喷头是一个重要的课题[3]。

氧气顶吹转炉炼钢对氧枪喷头的要求可归结为以下几点：

（1）提供冶炼所需要的供氧强度；

（2）在足够高的枪位下，氧射流对铁水熔池的冲击能量大，能满足达到良好冶炼效果所要求的冲击深度，使得对熔池的搅拌均匀；

（3）在足够高的枪位下，氧射流对熔池的冲击作用区域大，使铁水化学反应均匀；

（4）不致引起大的喷溅，使金属收得率高；

（5）氧枪喷头寿命长。

1.4 国内外氧枪技术发展概况

1.4.1 底吹法

最早出现的喷吹气体炼钢法是1855年提出用一根耐火黏土管底吹插入喷吹空气法炼钢。之后提出了利用氧气炼钢的设想，但是当时的技术水平低，制氧成本高，未能实现。首先得到突破性成就的是1878年英国人托马斯发明的底吹转炉炼钢法，这种方法是把空气从底部吹入一个能够旋转的转炉中，由于此种从底部吹入空气的方法，钢中氮的含量比较高，炉子寿命比较低，所以被应用得比较少。

20世纪20年代中期，德国开始进行富氧炼钢实验，结果表明，随着鼓吹空气中氧气含量的增加，钢的质量明显改善[4]。但是如果吹炼用氧的氧浓度比例高于40%的时候，炉底的风眼砖就会受损严重，于是尝试吹入混合型气体的实验，没有达到预期效果，不能完成工业生产规模化。20世纪40年代后期，成功地从空气中分离氧气，大规模的工业制氧得以实现，底吹时也增加了吹氧。在此之后，发明了碳氢化合物底吹方案。

1.4.2 侧吹法

20世纪40年代末在加拉芬根一座2t的转炉上，人们对侧吹氧气法进行了初步探索。我国于1951年用碱性空气从侧壁吹入炉内的方法在唐山钢铁厂获得成功，次年投入生产。由于耐火材料损失严重、风口侵蚀、喷溅剧烈以及钢水质量不佳等缘故，没有在工业生产中大规模推广开来。随着电力行业的急速发展，以及废钢等资源的增加，电炉炼钢的吨位规模也越来越大，为氧气侧吹炼钢工艺发展带来了新机遇。

1.4.3 顶吹法

1939年施瓦茨获得了氧气顶吹法的专利。这一年，瑞士人罗伯特杜勒也采用水冷氧枪从转炉上方的炉口喷入氧气的方法进行了氧气顶吹转炉炼钢的实验，并获得了理想的结果。之后在此基础上不断改进，这就是氧气顶吹转炉的原型。1949年6月，奥地利林茨的奥钢联合公司改进了一台2t贝塞麦转炉，在上面进行氧气顶吹实验，结果十分理想，表明氧气射流巨大的动能能够充分地搅拌金属溶液及熔渣，产生的CO与钢液液滴构成渣金乳化液，且表面积极大，大大地提升了精炼的反应速度，生产效率也得以提升，钢的质量也得以保证。此外，设备简单，投资生产成本低，为以后大规模应用奠定了基础。此后又在5t、10t、15t转炉上做了大量实验，结果充分证明该工艺技术应用于工业生产是切实可行的。顶吹氧气炼钢工艺从发明一开始便很快在全世界传播开来。顶吹法堪称世界炼钢技术史上的巨大革命，对于钢铁工业的飞速发展起到决定性作用。

1.4.4 顶底复吹法

顶底复合吹炼法是在顶吹的基础上利用底吹气流强化搅拌，克服顶吹气流对熔池搅拌能力不足的弱点，可使炉内反应接近平衡，铁损失减少；它成功地将顶吹乳化钢渣和底吹强化熔池搅拌技术的优点结合起来，获得了较好的冶炼效果。由于复吹转炉兼具有顶吹和底吹的特点，炉内反应更趋于平衡，因而具有金属收得率高、冶炼更稳定的优点；而且，复合吹炼技术明显改善了转炉终点操作，使吹炼后期钢渣反应趋近平衡，降低了终点钢水、炉渣的氧化性，这不仅提高了钢水质量，还减少了金属吹损、耐火材料的消耗等成本，以及提高降低铁钢比所引起的节能等经济效益，因此可以说，复合吹炼技术将转炉炼钢向提高质量、降低消耗方面大大推进了一步，它是转炉炼钢技术进步的一个重要标志。目前世界上大多数转炉采用顶底复吹的方法。我国于20世纪80年代初开始进行复吹转炉工艺的研究后，我国氧气转炉炼钢才进入大发展时期[5]。

1.5 聚合射流氧枪概述

1.5.1 聚合射流氧枪工作原理

聚合射流（Coherent Jet）[6]是美国普莱克斯（Praxair）气体公司开发的一种氧枪喷吹技术，应用气体力学原理，在传统氧枪上加上了伴随流系统，使氧气射流衰减速度大大放慢，形成类似于激光束的氧气射流的一种技术。聚合射流氧枪的原理是在拉瓦尔喷管的周围增加烧嘴，使拉瓦尔喷管氧气射流被高温低密度介质所包围。聚合射流的关键技术在喷嘴[7]，传统超声速氧枪射流产生的高的动能和喷吹速度是不足以使射流在要求的距离上保持聚合状态的。因为，主氧气射流会对周围气体产生卷吸，降低其速度，因此，出现了同向伴随流，即是用另一种介质气流与主氧气同向流动起到引导作用，减小了氧气射流与外围气流之间的速度差，因而射流边界上的混合速度减慢，降低了衰减。图1－1形象地说明了聚合射流氧枪技术的原理。

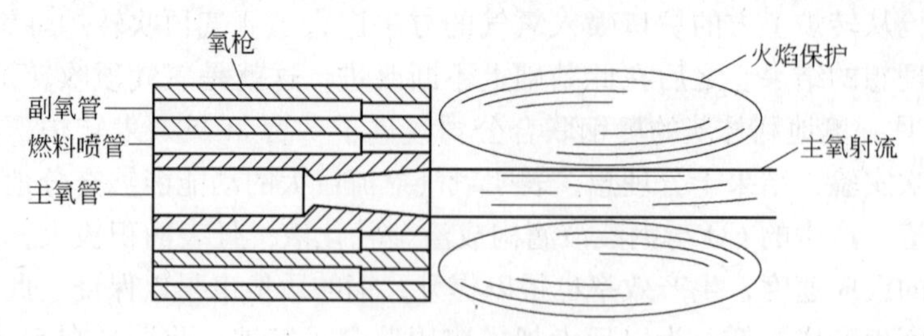

图1－1 聚合射流氧枪喷吹示意图

普莱克斯（Praxair）的中心技术人员采用燃气流包围在氧气射流周围，燃烧产生的高温膨胀，大大降低了氧气周围气体的密度，周围的气流起到套封作用，大大降低了主射流对周围气体的卷吸作用，由此产生超声速射流核心区很长且较长距离上保持聚合状态的射流[8]。图1-2所示为传统超声速射流与聚合射流吹射时氧气束的比较[9,10]。从图1-2中可明显看出传统超声速射流时氧气会有扩散现象。

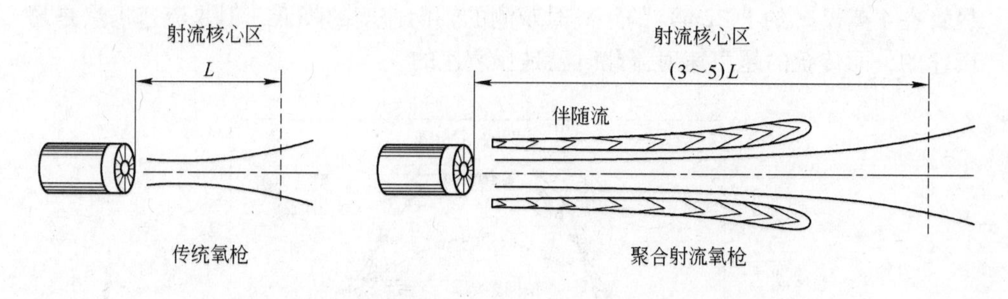

图1-2 聚合射流与传统超声速射流比较示意图

1.5.2 聚合射流氧枪的流场特征

聚合射流氧枪采用超声速环形氧燃火焰包绕的氧气主射流，射流在较长的距离上保持着出口直径，射流流股衰减明显低于普通的超声速射流，其核心区长度可超过喷头出口直径的70倍，射流的扩散速度也明显降低。同时可以通过调整氧枪喷头工艺参数控制射流的核心区长度、射流的扩散和衰减速度。所以喷射的氧气流以类似于激光集束的方式吹入钢液中，射流对熔池具有更大的穿透深度和搅拌力，从而达到提高终点Fe、Mn收得率，强化脱碳，减少喷溅的冶金效果，如图1-3所示[11]。

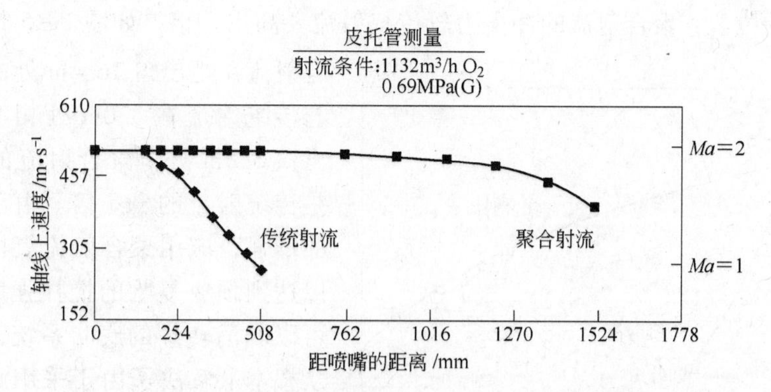

图1-3 传统射流与聚合射流轴线上速度衰减情况

为研究传统超声速射流和聚合射流的特征，普莱克斯的中心技术人员进行了大量的实验，研究周围气体温度和成分的变化对射流产生的影响，实验所用气体有空气、氧气、氩气、氮气。研究表明，对传统的超声速射流来说，射流核心区

的长度大约是 $6D_e$ 或 $7.4D_e$，而聚合射流的核心区长度可以保持到 $30D_e$ 或 $37D_e$ 的距离，比较其轴向衰减速率远小于传统的超声速射流，而且加上伴随流后比传统的超声速射流少卷吸 10% 的气体质量。如图 1－4 所示[11]，在距离为 2～3 英尺（约 0.61～0.91m）的轴向距离时，聚合射流仍能保持出口处的直径和速度，尽管在 4 英尺（约 1.22m）的距离时观测的轴向速度的降低，但是流速仍然是超声速的，而传统的超声速射流此时已是亚声速的。

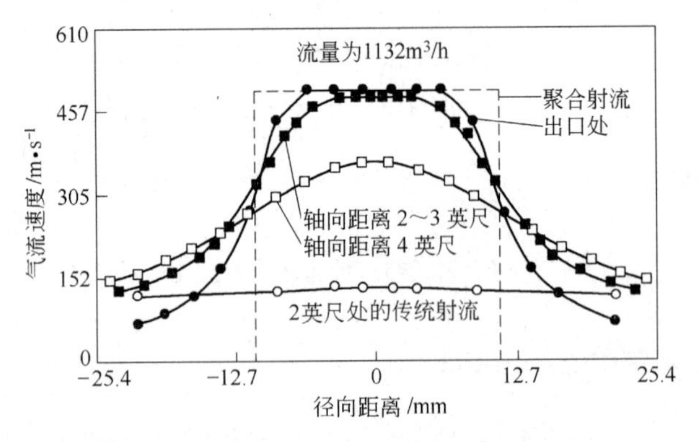

图 1－4　距离出口不同横截面上的速度分布

1.5.3　聚合射流氧枪对熔池的作用

聚合射流的冲击力较传统超声速射流具有较大的提高[10]。图 1－5 所示为聚合射流与传统射流冲击力的比较图。由于聚合射流具有较大的冲击力，所以吹炼状态在同样的冲击力条件下，聚合射流氧枪的枪位可较传统氧枪有很大的提高。在同样的枪位，聚合射流的冲击力较传统射流要高出几倍。如图 1－5 所示，聚合射流在距出口 16.4m 处的冲击力与传统射流在 3.0m 处相等，在距出口 5.5m 处，聚合射流的冲击力是传统射流的 3.5 倍。由于搅拌力的增强，应用聚合射流氧枪完全可以达到顶底复吹的搅拌强度，进而可以取消转炉的底吹系统，这也就从根本上解决了由于采用溅渣护炉技术而导致的冶炼三四千炉后底吹失灵的问题。

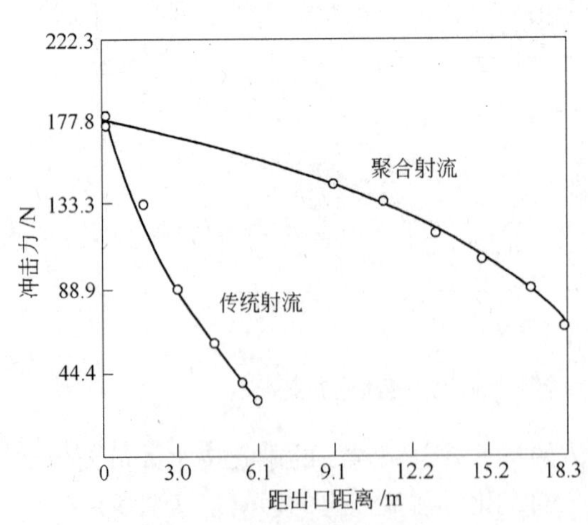

图 1－5　射流与传统超声速射流冲击力的比较

图 1－6 所示为聚合射流与传统超声速射流对熔池作用的区别[12]。

图1-6反映出传统超声速射流仅使钢液表面形成凹坑，氧气流不能有效地搅拌钢液，而聚合射流能够直接穿进钢液中，在气泡泵效应的作用下，使钢液的搅拌效果得到了明显的改善。同时进入钢液的气流分散为气泡，增加了氧气与钢液的接触面积，改善了炼钢反应的动力学条件，提高了氧气的利用率。

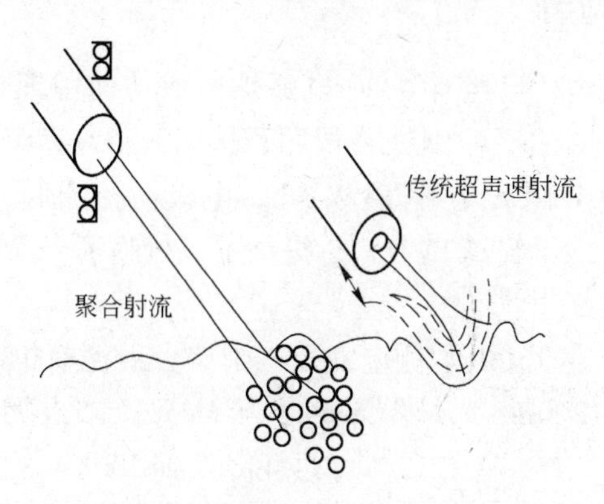

图1-6 聚合射流与传统超声速射流对熔池作用的比较

综上所述，在氧气转炉中以聚合射流技术改造传统氧气喷枪，增大了氧气射流对熔池的穿透深度，强化了熔池搅拌，显著减少喷溅现象，使得氧气流股的搅拌效果可与底吹搅拌相媲美，从而可在转炉上取消底部搅拌设备，既可节省设备投资与维护费用，免去更换炉底的麻烦，又能保证搅拌效果。

氧气流股与钢水熔池的相互作用制约着转炉炼钢过程中的许多重要环节，诸如喷溅现象、金属液滴生成、造泡沫渣、渣钢混合与炉内二次燃烧等。在水模型实验与电炉炼钢过程中的观察表明，聚合射流对熔池穿透更深，但并不形成常规喷头所产生的凹坑。这个特点大大减少了凹坑周围气泡容易得到大的动能，从而造成喷溅的可能性。与顶底复吹供气系统相比，聚合射流氧枪系统具有设备简单、操作方便、控制程度高、寿命长等优点。

1.6 聚合射流氧枪国内外研究及应用概况

到目前为止，聚合射流技术一直是在电炉炼钢中应用，现在使用该技术的电炉已超过40座。聚合射流技术用于氧气转炉的工业实验分别开始于2000年7月与2000年9月。实验厂家为美国钢铁公司（US Steel）的加里钢铁厂（Gary）与美国伊斯帕特内陆钢铁厂（Ispart Inland）的印第安纳港钢厂（Indiana Harbor）。到目前为止，反馈过来的指标是较好的。在电炉炼钢工艺中开发的聚合射流技术现又将要移植于氧气转炉炼钢。对于典型的转炉炼钢厂而言，每年有可能带来约1500万美元的经济效益。

聚合射流技术用于电炉炼钢，目的是将分散布置的炭粉喷枪、氧气喷枪、氧燃烧嘴与二次燃烧喷嘴等集中于一起，减少电炉附属设备，从而降低设备投资并提高生产率。此外，该项技术还能明显降低炼钢能耗。

聚合射流技术的关键在于氧枪与喷头设计，使喷头产生围绕超声速氧气主射流的环状火焰。此项独有技术于1998年取得专利。

1.6.1 在电炉上的应用

目前在世界范围内，已经有40个电弧炉上成功使用聚合射流技术，并取得显著的经济效益。美国伯明翰钢铁公司西雅图工厂在125t电炉上安装了三个聚合射流氧枪喷嘴，使电耗下降到29kW·h，电极消耗降低15%，显著降低耐火材料消耗，每小时产钢量提高11.4%，提高了氧枪喷嘴寿命，减少了炉体维修时间，炉渣泡沫化程度好[13,14]。

意大利LSP钢厂在76t电炉侧壁安装三个聚合射流氧枪喷头，氧枪喷头的供氧速度（标态）为1200m^3/h，燃烧能力为3MW，二次燃烧速度（标态）为500m^3/h，使电炉生产率提高了12%，热耗降低到300kW·h/t。

德国BSW厂首先在偏心炉底出钢口区安装了聚合射流氧枪喷头，解决了因偏心炉底出钢口吹氧清理和出钢后碳过高延长冶炼时间等问题。而后又沿炉侧壁安装了聚合射流氧枪系统，提高电炉生产率，创造日产50炉钢的纪录。

Siderea厂在原料使用海绵铁的电炉上应用聚合射流氧枪系统，提高了氧气吨钢使用量（标态）达到了39m^3/t，提高电炉生产率20%，节能11%。

我国南京钢厂电炉分厂从意大利引进了一整套的技术和装备，使用效果良好[15]。

聚合射流氧枪用于电弧炉，具有烧嘴、氧枪和二次燃烧装置三种功能于一体，减少电炉附属设备，不需将任何枪移进或移出炉内，只需按动按钮，就可用每个喷射器进行加热、吹氧脱碳、二次燃烧操作等优点。当废钢装入后，喷射器就进入烧嘴模式并开始用烧嘴火焰加热废钢并帮助熔化。在开始预热废钢时使用旺火，到后期的废钢熔化时使用穿透性火焰。一旦废钢熔化，就转换为氧枪模式，进行脱碳反应，同时在这一模式过程的一些点上，二次燃烧反应也随即发生，且可根据实际情况随意调节射流长度。以上这些过程可以随时转变以满足炼钢工人的不同冶炼工艺要求。

采用超声速聚合射流氧枪促进了碳氧反应以及利用其动能与化学能，特别是在留钢、留渣或热装铁水的情况下，可促进尽早进行吹氧操作并加强熔池搅拌，从而缩短冶炼时间、提高生产效率、降低电耗，获得满意的脱碳和升温效果。这尤其适用于加入铁水或生铁比例较高，或者是冶炼低碳品种的情况。由于聚合射流的强烈搅拌作用，在氧化早期极大地改善了脱磷反应的动力学条件，脱磷效果大大提高。这对于提高废钢质量和品质的适应性、提高钢材产品的内部质量均有现实意义。

电炉炉壁聚合喷氧装置不仅是未来电炉炼钢喷氧装置发展的必然趋势，同时对提高我国电炉的整体冶炼水平、提高冶炼产品的质量和钢铁企业的效益必将产生巨大的影响。

1.6.2 在转炉上的应用

由于聚合射流系统突出的特征和较深的熔池穿透量，Praxair 公司目前正在转炉上进行应用实验，第一批测试转炉聚合射流系统的钢厂是美国伊斯帕特内陆钢铁厂的印第安纳港钢厂和美国钢铁公司加里厂，初期数据良好，正进行进一步的工艺改进和调整。实验结果表明，聚合射流可实现吨钢降低成本 3 ~5 美元的良好效果。

转炉中传统吹氧是使用多孔超声速氧枪，因其枪头离钢液面较近，所以在生产中经常遇到结渣和粘枪等问题。而聚合射流吹氧时，氧气主射流可以在较长的距离内保持原始直径和稳定的速度。所以氧枪枪头距钢液面距离可明显增大，这样就减少了结渣和粘枪，由于枪位的提高和喷溅的减少，提高了氧枪寿命。转炉聚合射流技术具有和底吹气体搅拌系统相似的优点，但它不需要底部供气构件，因此降低了成本。在转炉炼钢中采用聚合射流还可以提高脱碳的速度；减少补吹次数；使金属收得率提高；由于钢中终点［O］的降低，降低脱氧用铝消耗；提高生产作业率。

氧气转炉采用聚合射流技术需要以下装备：

（1）带有氧气主射流的射流氧枪（图 1－7）；

（2）用于各种气体流量控制的可编程逻辑控制器（PLC）系统；

（3）控制室。

聚合射流系统可以在转炉原有的氧枪系统上加以改造，可以保留原有喷头的氧气主射流设计，但要增加每股射流周围的环状氧燃火焰保护。某些情况下氧枪小车也要随之改造。

气体控制阀组承担天然气与二次氧的流量控制与显示，用一台显示器可以反映所有阀门的工作状态。整个系统的设计安全可靠，所有的连锁与允许开关都纳入转炉总的安全体系之中。

图 1－7 所示为一种炼钢用的聚合射流氧枪的结构示意图[16]。主要由主氧喷吹系统、二次氧喷吹系统、燃料喷吹、水冷系统 4 部分组成。主氧喷吹系统位于射流氧枪的中心位置；主氧保护系统位于主氧喷吹系统的外层，设有燃气和二次氧喷吹；水冷系统位于喷枪嘴外层，在氧枪一端有进水和出水口。

该喷射装置将氧气加速到超声速，高速射流从该喷射装置中出来在一个完整

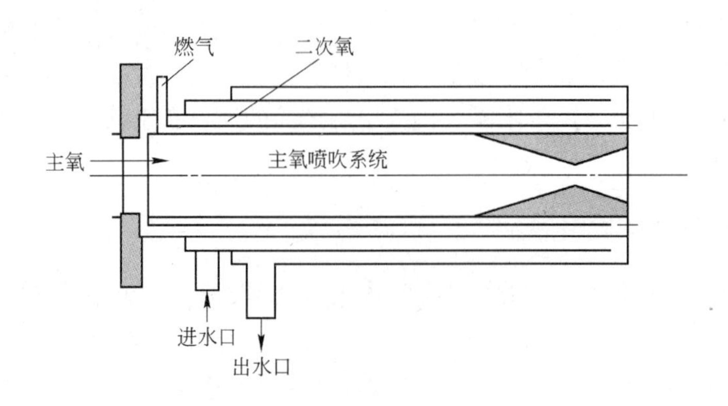

图 1－7 聚合射流氧枪系统

包围它的气套的保护下[17~29]，该气套是高温低密度气体，当与中心的高速射流同向输送时，由于在中心的高速射流和热气套射流之间的相对速度和动量交换被最大程度地减小，近似于等动能输送。即在同样的喷枪高度上，其冲击力比常规射流大得多，这样，可以避免它像常规射流那样过早地卷入周围气体而造成迅速衰减。在氧气转炉中以聚合射流氧枪技术改造传统氧气喷枪，增大了氧气射流对熔池的穿透深度，强化了熔池搅拌。

聚合射流用在氧气转炉上可将冶炼过程分成前后两个阶段进行，前期任务主要针对脱硅及脱磷的操作。氧气射流的超声速喷射长度小于 30d，使射流与熔融金属的接触面积较宽，氧气射流被气体罩围绕，气体罩包括副氧气体和惰性气体，冶炼前期进行到金属熔池中至少 50% 的碳被氧化为止；后期任务主要针对脱碳的操作。氧气射流的超声速喷射长度大于 30d，使射流与熔融金属的接触面积较小，氧气射流被火焰罩围绕，进行到熔融金属液中碳基本达到目标残余碳含量为止。

目前，聚合射流氧枪技术已经在美国钢铁公司加里钢铁厂和巴西保利斯塔黑色冶金公司的转炉上实现了工业应用，我国也应积极开发应用。

参 考 文 献

[1] 杨春．聚合射流氧枪射流特性的数值模拟［D］．鞍山：辽宁科技大学，2008.
[2] 高茵．转炉炼钢氧枪射流流场的模拟研究［D］．鞍山：辽宁科技大学，2007.
[3] 吴凤林，蔡扶时．顶吹转炉氧枪设计［M］．北京：冶金工业出版社，1982.
[4] 高攀．聚合射流氧枪与炼钢熔池相互作用的仿真研究［D］．鞍山：辽宁科技大学，2013.
[5] 徐少禹．180t 转炉五孔氧枪的数值模拟及研究［D］．鞍山：辽宁科技大学，2014.
[6] Andersonje, Mathurpc, Selinesr J. Method for Introducing Gas into a Liquid: US, 5814125 [P]. 1998－09－29.
[7] Andreas Metzen. 高效电弧炉的用氧技术［J］．冶金设备与技术，2001，(1)．

[8] 刘坤，朱苗勇，王滢冰．聚合射流流场的仿真模拟［J］．钢铁研究学报，2008，20（12）：14～17.

[9] 张贵，朱荣，韩丽辉，等．集束氧枪射流特性的数值模拟［C］//第七届全国工业炉学术年会论文集．2006：97～100.

[10] 苏晓军．凝聚射流氧枪及其在炼钢生产中的应用［J］．冶金能源，2001，20（6）：6～8.

[11] Sarma B, Mathur P C, Selines R J, et al. Fundamental Aspect of Coherent Jet Technology［C］// Iron and Steel Society, Proceedings Electric Furnace Conference, 1998.

[12] 程长建，沈明刚，苏在静．聚合射流氧枪技术的特点及其应用［J］．炼钢，2002，18（5）：47～49.

[13] Yons M, Bermel C. Operational Results of Coherent Jet at Birmingham Steel – Seatle Steel Division［C］// Iron and Steel Society, Proceedings Electric Furnace Conference, 1999.

[14] Chwing R, Harmy M, Mathur R C, et al. Maximizing EAF Productivity and Lowering Operating Costs with Praxair's Cojet Technology – Results at BSW［C］//Proceedings Metec Conference, 1999.

[15] 王滢冰．凝聚射流氧枪特性的仿真研究［D］．鞍山：辽宁科技大学，2007.

[16] 刘坤．超声速聚合射流氧枪射流行为的数学物理模拟研究［D］．沈阳：东北大学，2008.

[17] Cai Zhi – peng, Zhang Chun – xia. Design of Multijet for Large Scale Oxygen Lance of Converter and Its Feature of Supersonic Jet［J］. Journal of University of Science and Technology Beijing, 1995,（12）：75～79.

[18] Zhang Chun – xia. Study on the Characteristics of Velocity Distribution Along the Centerline of a Multijet Oxygen Lance［J］. Engineering Chemistry & Metallurgy, 1994,（8）：196～200.

[19] Li Bing – yuan. Study on Aerodynamic Characters of Oxygen Lance for Converter［C］. Steelmaking Association of the Chinese Society for Metals, 7th National Steelmaking Symposium, 1995：132～138.

[20] Cai Zhi – peng, Zhao Rong – jiu, Yang Wen – yuan, et al. Academic Lectures of Oxygen Application in Steelmaking［M］. Steelmaking Association of the Chinese Society for Metals, 2003：87～94.

[21] Wang Bao – guo, Liu Shu – yan, Huang Wei – guang. Aerodynamics［M］. Beijing：Publishing Company of Beijing Institution of Technology, 2005：175～182.

[22] Shapiro A H. The Dynamics and Thermodynamics of Compressible Fluid Flow［M］. New York：Ronald Press, 1953.

[23] Dahm W J A, Dimotakis P E. Measurements of Entrainment and Mixing in Turbulent Jets［J］. AIAA J, 1987,（25）：1216～1223.

[24] Davenport W G, Wakelin D H, Bradshaw A V. Interaction of Bath Bubbles and Gas with Liquids［C］. Proceedings Symposium Heat and Mass Trasfer in Process Metallurgy, London, 1966：207.

[25] Koncsics D, Mathur P C, Engled. Electric Furnace Conference Proceedings, ISS（Warrendale, PA）, 1997.

[26] Koncsics D, Selines R J. Presentation at the IISI Technology Committee Meeting, 1998.
[27] Busboome Coopers. Electric Furnace Conference Proceedings, ISS (Warrendale, PA), 1998.
[28] Anderson A R, Johns F R. Characteristics of Free Supersonic Jets Exhausting into Quiescent Air [J]. Jet Propulsion, 1995, 25 (1): 13 ~ 25.
[29] Abramoviton G A. Theory of Turbulent Jets [M]. MIT PRESS Cambridge, 1963.

2　聚合射流氧枪射流理论基础

2.1　空气动力学的基础理论

2.1.1　一维定常等熵流的基本理论

2.1.1.1　管道截面与速度的关系

理想气体通过变截面管流动，假设摩擦力忽略不计且满足理想流体定常等熵流动方程组[1]有：

连续方程：

$$\frac{d\rho}{\rho} + \frac{dA}{A} + \frac{du}{u} = 0 \tag{2-1}$$

运动方程：

$$u du + \frac{1}{\rho} dp = 0 \tag{2-2}$$

能量方程：

$$h_t + \frac{u^2}{2gJ} = \text{常数} \tag{2-3}$$

等熵过程方程：

$$\frac{p}{\rho^\gamma} = \text{常数} \tag{2-4}$$

理想气体状态方程：

$$p = \rho RT \tag{2-5}$$

由声速的定义得[1]：

$$dp = a^2 d\rho \tag{2-6 (a)}$$

则由式（2-4）~式（2-6（a））得声速的表达式：

$$a = \sqrt{\gamma RT} \tag{2-6 (b)}$$

式（2-6（b））表明，气体中声速除与气体性质有关外，主要取决于气体当地温度 T。

定义马赫数为：

$$Ma = \frac{u}{a} \tag{2-7}$$

则由式（2－1）、式（2－2）和式（2－7）得到下述重要关系：

$$\frac{dA}{A}=(Ma^2-1)\frac{du}{u} \tag{2-8}$$

从式（2－8）可见，当流速变化时，气流截面积究竟是扩大还是缩小，不但要看（Ma^2-1）的正负，也即 $Ma>1$ 还是 $Ma<1$，还要看 du 正负。

由以上可知，气流通过喷管时，此时气体因绝热膨胀、压力降低、流速增加，而气流截面变化的规律是：

$Ma<1$，亚声速流动，$dA<0$，气流截面收缩；

$Ma=1$，声速流动，$dA=0$，气流截面缩至最小；

$Ma>1$，超声速流动，$dA>0$，气流截面扩张。

相应的对喷管的要求是：对亚声速气流要做成渐缩喷管，对超声速气流要做成渐扩喷管，对气流由亚声速连续增至超声速时要做成渐缩渐扩，或叫拉瓦尔喷管。喷管的截面形状一定要与气流的截面形状相符合，只有这样才能保证气流在喷管中充分膨胀，达到理想加速的效果。拉瓦尔喷管的最小截面处，称为喉部。喉部气流速度即是声速。

2.1.1.2 管道流动参数、截面积与气流马赫数的关系

由式（2－4）、式（2－5）、式（2－6（b））和式（2－8）得到气体在喷管内流动的方程如下：

$$\frac{p}{p_0}=\left(1+\frac{\gamma-1}{2}Ma^2\right)^{-\frac{\gamma}{\gamma-1}} \tag{2-9}$$

$$\frac{T}{T_0}=\left(1+\frac{\gamma-1}{2}Ma^2\right)^{-1} \tag{2-10}$$

$$\frac{\rho}{\rho_0}=\left(1+\frac{\gamma-1}{2}Ma^2\right)^{-\frac{1}{\gamma-1}} \tag{2-11}$$

由式（2－8）和式（2－9）分析可知，当 $du>0$，且上游滞止压力足可以产生超声速时（$p_c/p_0<0.528$），要使一个亚声速流在管道中加速到超声速气流，必须采用一种能先收缩然后再扩张的管子，这种喷管称为拉瓦尔管[1]。转炉氧枪喷头的喷孔就是这种类型的管子，氧气通过这种喷管借以获得超声速氧气射流。

当缩放喷管喉部达到声速时推导出面积比公式[2]如下：

$$\frac{A}{A_*}=\frac{\rho_*}{\rho}\frac{v_*}{v}=\frac{1}{Ma}\left[\left(\frac{2}{\gamma+1}\right)\left(1+\frac{\gamma-1}{2}Ma^2\right)\right]^{\frac{\gamma+1}{2(\gamma-1)}} \tag{2-12}$$

式（2－12）给出了面积比 A/A_* 与马赫数 Ma 之间的关系式，它是设计喷管和确定已知喷管流动特性的重要公式。由该式看到，管内气流特性唯一取决于管截面的面积比，即只与管子的几何形状相关。在式（2－12）给定了面积比之后，

即可定出 Ma。再由式（2－9）~式(2－11）确定所给出的截面上的流动参数。反之，给定 Ma，即可按式（2－12）确定面积比，找到产生该 Ma 的喷管截面积大小。

2.1.2 拉瓦尔喷管的工作特性

拉瓦尔管是瑞典工程师拉瓦尔于19世纪末发明的，在航空、航天、冶金等领域都有广泛应用[3]。

拉瓦尔管是以进口气流参数和出口背压作为已知条件设计出来的。但喷管并不总是在设计工况下工作的，当喷管进口滞止压力或喷管出口背压发生变化时，喷管内的流动情况也将发生变化，拉瓦尔喷管的工作特性是指工作压力偏离设计条件时，喷管工作状况的变化特征。

将式（2－12）面积比 A/A_* 和马赫数 Ma 的关系绘于图2－1中[4]。由图可见，每一个 Ma 对应一个 A/A_*，但每一个 A/A_* 却对应两个 Ma（一个是 $Ma<1$，一个是 $Ma>1$)，具体分析如下：

对收缩段而言，由 $A(x)$ 确定 $Ma(x)$ 是唯一的，但扩张段不唯一，对此有两方面的理解，喉口达声速时，扩张段出现两种状态：

（1）表示有两个截面具有同一个 A/A_* 值，一个在亚声速区，另一个在超声速区；

（2）表示在拉瓦尔管渐扩部分，对应于每一个 A/A_* 值的截面气流可能有两个 Ma，一个是 $Ma<1$，一个是 $Ma>1$，即由 A/A_* 不能唯一确定 Ma，还需进出口压力条件 p_e/p_0。

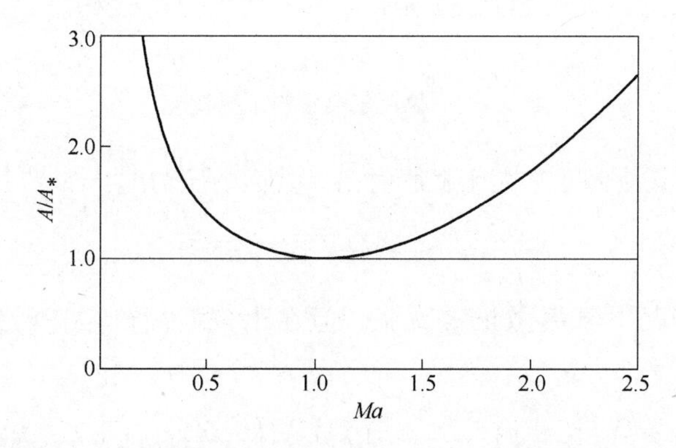

图2－1 拉瓦尔喷管面积比 A/A_* 和出口马赫数 Ma 的关系

将 A_e/A_* 代入式（2－12)，求解方程得 $Ma_{e_1}>1$ 及 $Ma_{e_2}>1$，再由式（2－9）求出两个划界压力 p_{e_1}、p_{e_2}。即缩放喷管，当喉口部达到声速时，喉部以后扩张段将出现两种等熵流动，一种是亚声速流，另一种是超声速流。

2.1.2.1 拉瓦尔喷管内产生不同流动特性的三个压力比(图 2 - 2[4])

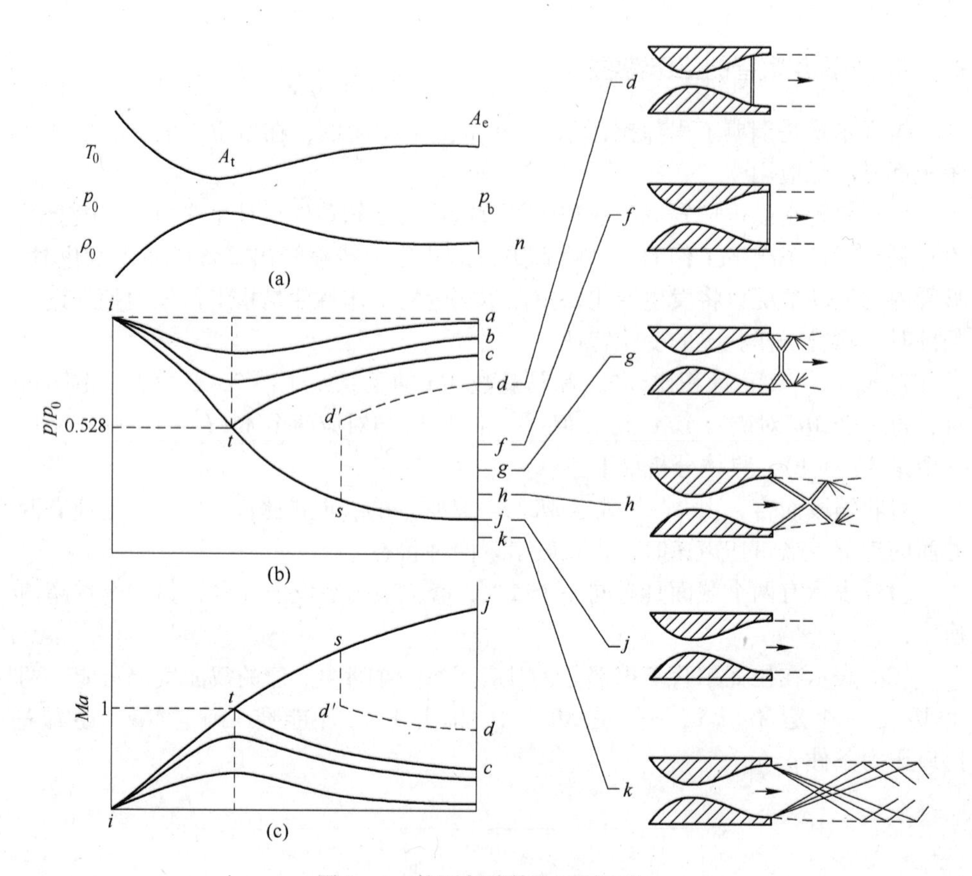

图 2 - 2 拉瓦尔喷管内工况变化

(1) 设计工况下气流做正常完全膨胀时出口截面的压力比:

$$\frac{p_j}{p_0} = \left(1 + \frac{\gamma - 1}{2}Ma_1^2\right)^{-\frac{\gamma}{\gamma-1}} \tag{2-13}$$

(2) 设计工况下气流做正常膨胀, 但在出口截面产生正激波时波后的压力比:

$$\frac{p_f}{p_0} = \frac{p_1}{p_0}\frac{p_2}{p_1} = \left(1 + \frac{\gamma - 1}{2}Ma_1^2\right)^{-\frac{\gamma}{\gamma-1}}\left(\frac{2\gamma}{\gamma + 1}Ma_1^2 - \frac{\gamma - 1}{\gamma + 1}\right) \tag{2-14}$$

(3) 气流在喉部达到声速, 其余全部为亚声速时出口截面的压力比:

$$\frac{p_c}{p_0} = \left(1 + \frac{\gamma - 1}{2}Ma_1^2\right)^{-\frac{\gamma}{\gamma-1}} \tag{2-15}$$

2.1.2.2 拉瓦尔喷管内变工况的流动特性

(1) $p_c < p_b \leqslant p_0$ 管内全部是亚声速等熵流:

当背压 $p_b = p_0$ 时，管内无流动，如曲线 a，当 $p_c < p_b \leqslant p_0$ 时，喷管内气体流过渐缩部分时，气体做增速减压运动，见曲线 ia、ib 所示。喉部达声速 $Ma = 1$，进入渐扩部分仍做减速增压运动，出口处 $p_e = p_b$，见曲线 itc 所示。

(2) $p_f \leqslant p_b < p_c$ 管内出现激波:

当背压 $p_b > p_f$ 时，气流在渐扩段部分出现压力的不连续变化，如曲线 $itsd'd$，前一部分 its 为超声速气流，而在截面 sd' 前后突然由超声速转变成亚声速，压力也随之突然升高，在喷管内产生了非等熵流动即激波。激波位置与 p_b 有关，随着 p_b 的不断降低，激波逐渐移向出口，见曲线 $itsf$ 所示。

(3) $p_j \leqslant p_b < p_f$ 管内由亚声速连续变为超声速等熵流:

当背压 p_b 继续降低 $p_j \leqslant p_b$，将在管外产生拱型激波或斜激波见曲线 $itsg$、$itsh$ 所示，直到 $p_b = p_j$（设计工况）时，管内 $p/p_0 < 0.528$，整个渐扩部分全部是超声速气流，即气流在缩放管内压力由 p_0 连续减至 p_j，速度连续由亚声速增至超声速见曲线 $itsj$ 所示。此时压力比 $p_b/p_0 = p_j/p_0$ 称为拉瓦尔管的设计压力比。

(4) $0 \leqslant p_b < p_j$ 管内状态如曲线 $itsk$ 所示，管外产生膨胀波当背压 $p_b < p_j$ 时，喷管中流动工况与 $p_b = p_j$ 时相同，只是气流离开出口还要继续膨胀。

本书中氧枪结构尺寸依据实际生产中氧枪按比例缩小而设计的。设计的氧枪喷头的结构尺寸取拉瓦尔喷管出口直径 $D_e = 22\text{mm}$，喉口直径 $d = 17\text{mm}$，出口面积记为 A_e，喉口面积记为 A，环境压力 p_b 为 1.02 个大气压保持恒定，出口马赫数为 1.99。为得到超声速射流需先确定入口处滞止压力 p_0 的大小，同时也是为射流物理模拟及数值模拟确定入口边界条件。

设在缩放喷管入口处的压力为 p_0，其背压为 p_b，由于 p_0 和 p_b 的相对大小不同在喷管内形成了各种流动状态。但在实际的冶炼过程中，氧枪的背压 p_b 即是转炉炉膛内压力，略高于大气压是个定值，取 $p_b = 1.02 \times 1.01325 \times 10^5 \text{ Pa}$。滞止压力 p_0 的变化将引起喷管内流动工况的变化。

由 $\frac{A_e}{A} = \left(\frac{d_e}{d}\right)^2 = 1.6747$，查等熵流函数表对应有两个 Ma，其中 $Ma' = 0.375 < 1, Ma'' = 1.990 > 1$，由此可求得三个划界压力[5]:

(1) 当 $Ma' = 0.375$ 时，$\frac{p}{p_0} = 0.9075$，此时求得滞止压力:

$$p_{01} = \frac{p_b}{0.9075} = 1.1388 \times 10^5 \text{ Pa} \tag{2-16}$$

（2）当 $Ma'' = 1.990$ 时，$\frac{p}{p_0} = 0.1294$，此时求得滞止压力：

$$p_{02} = \frac{p_b}{0.1294} = 7.96 \times 10^5 \text{ Pa} \tag{2-17}$$

（3）当管口产生激波时，来流马赫数 $Ma = 1.990$，$\gamma = 1.4$，由普朗特公式[6]得到激波前后的压力比：

$$\frac{p_2}{p_1} = \frac{2\gamma}{\gamma+1}Ma^2 - \frac{\gamma-1}{\gamma+1} = \frac{2.8}{2.4} \times 1.990^2 - \frac{0.4}{2.4} = 4.453 \tag{2-18}$$

波前压力

$$p_1 = \frac{p_2}{4.453} = \frac{1.0335 \times 10^5}{4.453} = 0.232 \times 10^5 \text{ Pa} \tag{2-19}$$

此时的滞止压力

$$p_{03} = \frac{p_1}{0.1294} = 1.79 \times 10^5 \text{ Pa} \tag{2-20}$$

由理论分析[7]可以确定出当滞止压力取不同的数值，拉瓦尔喷管内具有不同的流动特征，具体归纳如下[8]：

（1）管内为亚声速流动时的滞止压力范围 $0 \sim 1.14 \times 10^5$Pa；

（2）管内产生激波时的滞止压力范围（1.14 ~ 1.79）$\times 10^5$Pa；

（3）管外产生斜激波时的滞止压力范围（1.79 ~ 7.96）$\times 10^5$Pa；

（4）管外产生膨胀波时的滞止压力范围大于 7.96×10^5Pa。

依据以上理论计算，氧枪射流流场的数值模拟入口边界条件的选取具体详见第4.2节。

2.2 超声速气体射流稳定流动的相似理论

对于高速气体射流，其密度变化是较大的，故必须考虑其可压缩的性质。在可压缩气体射流流动中，压力、密度的变化也会引起温度很大的变化。这时可用连续方程、运动方程、能量方程（热力学第一定律）和状态方程来描述。

连续方程：
$$\nabla(\rho u) = 0 \tag{2-21}$$

运动方程：
$$\rho(u\nabla)u = -\nabla p + \nabla(\mu\nabla u) + \frac{1}{3}\nabla(\mu\nabla u) \tag{2-22}$$

能量方程：
$$\rho C_p(u\nabla)T = (u\nabla)p \tag{2-23}$$

状态方程：
$$\frac{p}{\rho} = RT = \frac{a^2}{\gamma} \tag{2-24}$$

式中 p——气体压强，Pa；

a——当地声速，m/s；

γ——热容比；

R——气体常数，J/(kg · K)，空气 $R = 287$J/(kg · K)，氧气 $R = 260$J/(kg · K)；

∇——一阶微分算子，∇^2 为二阶微分算子，其积分类比可用 $\frac{1}{d_e}$ 和 $\frac{1}{d_e^2}$ 代替。

方程式（2－23）中，左端为气体射流的焓变化，右端为其中的压力变化。在高速流动中，假定射流与周围介质无热交换和能耗。

首先对上述诸方程中各个变量都用出口参数除之，进行无因次化。设三个方向的无因次坐标为 $X = \frac{x}{d_e}, Y = \frac{y}{d_e}, Z = \frac{z}{d_e}$，无因次速度坐标为 $U = \frac{u}{u_e}$，无因次压力 $P = \frac{p}{p_e}$，无因次密度 $\rho' = \frac{\rho}{\rho_e}$，无因次黏度 $\mu' = \frac{\mu}{\mu_e}$，无因次温度 $T' = \frac{T}{T_e}$，无因次热容 $C_p' = \frac{c_p}{c_{p_e}}$。把这些无因次量代入方程式（2－22）和方程式（2－23）中得：

$$\left(\frac{\rho_e \mu_e^2}{d_e}\right)\rho'(U\nabla)U = -\left(\frac{p}{p_e}\right)\nabla P + \left(\frac{\mu_e u_e}{d_e^2}\right)\nabla(\mu'\nabla U) + \frac{1}{3}\left(\frac{\mu_e u_e}{d_e^2}\right)\nabla(\mu'\nabla U) \tag{2-25}$$

$$\left(\frac{\rho_e u_e c_{p_e} T_e}{d_e}\right)\rho' c_p'(U\nabla)T' = \left(\frac{u_e p_e}{d_e}\right)(U\nabla)P \tag{2-26}$$

把上述各方程中的常数组成无因次群，对方程式（2－25）等号两端除以 $\left(\frac{\rho_e u_e^2}{d_e}\right)$，对方程式（2－26）等号两端除以 $\left(\frac{\rho_e u_e c_{pe} T_e}{d_e}\right)$ 则得：

$$\rho'(U\nabla)U = -\left(\frac{p_e}{\rho_e u_e^2}\right)\nabla P + \left(\frac{\mu_e}{\rho_e u_e d_e}\right)\nabla(\mu'\nabla U) + \frac{1}{3}\left(\frac{\mu_e}{\rho_e u_e d_e}\right)\nabla(\mu'\nabla U) \tag{2-27}$$

$$\rho' c_p'(U\nabla)T' = \left(\frac{p_e}{\rho_e c_{pe} T_e}\right)(U\nabla)P \tag{2-28}$$

因此可以得出上述方括号中几个不变的相似准数，如下：

出口马赫数：
$$\left(\frac{p_e}{\rho_e u_e^2}\right) = \frac{RT_e}{u_e^2} = \frac{\alpha^2}{\gamma u_e^2} = \frac{1}{\gamma}Ma^{-2} \tag{2-29}$$

出口雷诺数：
$$\left(\frac{\mu_e}{\rho_e u_e d_e}\right) = \frac{1}{Re_e} \tag{2-30}$$

温度准数：
$$\left(\frac{p_e}{\rho_e c_{pe} T_e}\right) = \frac{p_e u_e^2}{\rho_e u_e^2 c_{pe} T_e} = \frac{u_e^2}{\gamma c_{pe} T_e}(Ma_e)^{-2} \tag{2-31}$$

考虑到自由射流的可压缩性，用 $u\sqrt{\rho} = W$ 代表考虑可压缩性的综合速度，因而可压缩气体湍流自由射流的相似性可表达为下列函数关系：

速度分布为：

$$\frac{W_{m}}{W_{e}} = f_1(Ma_e, Re, X) \tag{2-32}$$

$$\frac{W}{W_{m}} = f_2(Ma_e, Re, Y) \tag{2-33}$$

温度分布为：

$$\frac{T_{m}}{T_{e}} = f_3(Ma_e, Re, X) \tag{2-34}$$

$$\frac{T}{T_{m}} = f_4(Ma_e, Re, Y) \tag{2-35}$$

压力分布为：

$$\frac{p_{m}}{p_{e}} = f_5(Ma_e, Re, X) \tag{2-36}$$

$$\frac{p}{p_{m}} = f_6(Ma_e, Re, Y) \tag{2-37}$$

因为湍流射流在很大范围内，随着雷诺数的不同而具有自模性，当 $Re > 10^5$ 时雷诺数的影响很小，另外，在相对足够大的空间内传播的自由射流，其压力梯度也很小。因此，上述关系可简化为：

$$\frac{W_{m}}{W_{e}} = f_1(Ma_e, X) \tag{2-38}$$

$$\frac{W}{W_{m}} = f_2(Ma_e, Y) \tag{2-39}$$

$$\frac{T_{m}}{T_{e}} = f_3(Ma_e, X) \tag{2-40}$$

$$\frac{T}{T_{m}} = f_4(Ma_e, Y) \tag{2-41}$$

通过以上对可压缩湍流自由射流的相似分析可知，射流流场的速度分布和温度分布都与喷嘴的出口马赫数 Ma 和几何参数有关，都可以表示为 Ma_e 和 X、Y 的函数关系。

由可压缩气体射流相似分析得出，在几何相似的基础上，只要保证相似准数马赫数 Ma 与实际氧枪喷头出口马赫数 Ma 在数值上相等，则在氧枪射流行为特征的物理模拟（第3章）及氧枪射流行为特征的数值模拟（第4章）中所得出的模拟结果对生产实践中的氧枪操作和氧枪的设计以及对转炉吹炼过程中氧气射流与熔池相互作用（第5章）将起到一定的借鉴和指导作用，同时也为进一步研究射流特性奠定理论基础。

2.3 高温下射流的流动特性

由于受到实验条件的限制，想在高温条件下进行测试是十分困难的，因此实际转炉内高温流场的分布情况到目前为止都还没有确切的结论。

无论是在冷态还是热态下，也不论气流是亚声速还是超声速，射流气体的密度与周围气体的密度之比，都会强烈影响到射流的衰减和扩散。随着射流的推移，其下游部分的密度就会慢慢趋近周围气体的密度，为了方便比较，取喷嘴出口处的气体密度为射流密度。

将密度比定义为：

$$\rho_R = \rho_e/\rho_s \tag{2-42}$$

当 $\rho_R < 1$ 时，射流密度相对较低，射流的扩散以及射流中心线下游部分的速度下降要比 $\rho_R = 1$ 时快。反之，当 $\rho_R > 1$ 时，射流密度相对较高，射流的扩散和以及射流中心线下游部分的速度下降要比 $\rho_R = 1$ 慢。

图 2-3 所示为 ρ_R 对于射流的扩散和衰减的影响，所有曲线都是依据阿勃拉莫维奇介绍的半经验曲线绘制的。

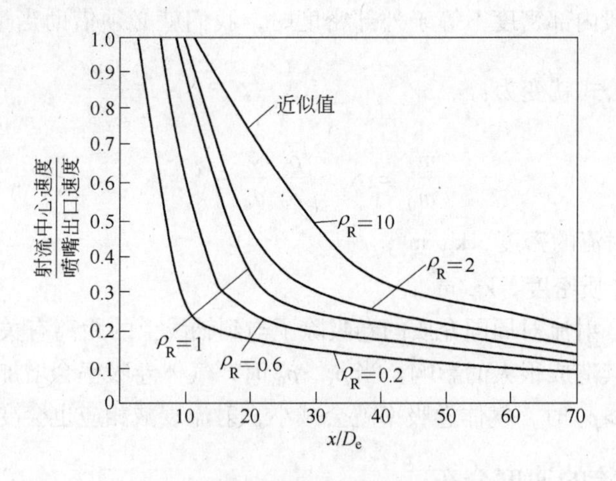

图 2-3 射流衰减与密度比的关系

由公式 $\rho_s = \dfrac{p}{(R_u/m)T}$ 可知，在热态情况下，由于环境温度很高，介质密度 ρ_s 就很小，这样由式（2-42）求出的射流气体的初始密度 ρ_e 与介质密度 ρ_s 之比就很大，当介质温度达到 1600K 左右时，ρ_R 就会高达 10 以上。根据阿勃拉莫维奇介绍的半经验曲线可知，尽管在高温时射流速度的衰减会减慢很多，但是与常温状态下相比其衰减规律却是相似的。

2.4 自由射流的沿程卷吸

从喷口出来的射流，由于具有黏性并且与周围流体存在速度差，就会与周围空间的流体发生质量以及动量交换，对其产生很强的卷吸作用，周围流体就会跟随此射流流动，增加射流流股质量的同时却会使速度衰减。对于圆形喷孔，卷吸会发生在圆形喷孔的外侧。自由射流对周围介质的卷吸作用可用如下公式表示：

$$\frac{m_e}{m_0} = \frac{m_x - m_0}{m_0} \tag{2-43}$$

式中 m_e——卷吸量，kg/s；

m_x——截面处射流的总质量流量，kg/s；

m_0——射流初始的质量流量，kg/s。

当射流流股内部密度等于外部密度时，卷吸率的公式如下：

$$\frac{m_e}{m_0} = K_e \frac{x}{d_0} - 1 \tag{2-44}$$

式中，K_e 为比例常数，通常取为 0.25 ~0.45。

当射流流股内部密度不等于外部密度时，我们就必须借助当量直径 $d_e = d_0 \sqrt{\frac{\rho_0}{\rho_s}}$，卷吸率公式就变为：

$$\frac{m_e}{m_0} = K_e \sqrt{\frac{\rho_s}{\rho_0}} \frac{x}{d_0} - 1 \tag{2-45}$$

式中 ρ_0——射流的密度，kg/m^3；

ρ_s——介质密度，kg/m^3。

由此可见，射流对周围介质的卷吸除了与到轴线上的距离有关外，周围介质的密度也会对其造成很大的影响。当 $\rho_s > \rho_0$ 时，气体卷吸率会增加，会使射流衰减加快；当 $\rho_0 > \rho_s$ 时，气体卷吸率就会减小，射流衰减相应也会变慢。

2.5 聚合射流的速度分布

由于高温燃烧气体密度很低，从而降低了射流气体的质量，主氧气超声速射流的长度受环绕气体的影响，聚集的氧气射流会变得更长。多孔氧枪喷头几何轴线上的速度分布受到多股射流相互掺混的复杂影响。因为对高温环境下多孔轴线上的速度分布研究很少，所以研究高温聚合氧枪射流特征，对提高转炉高效冶炼有重大的实用价值[9]。

等径多孔喷头单股射流的速度分布如下：

$$\frac{u_m}{u_e} = k_j \frac{d_e}{x}$$

$$\frac{u_r}{u_m} = \exp\left[-\lambda_j\left(\frac{r}{x}\right)^2\right] \tag{2-46}$$

式中　u_m，u_e，u_r——射流在轴向线速度、喷嘴出口处速率和径向线速度；

d_e，r，x——喷嘴出口直径、径向距离和射流轴向距离；

k_j，λ_j——动量传递系数和断面速度分布系数，表示单股射流轴线上的速度衰减和径向扩张特征。

主氧气射流被高温的扩散燃烧产物 CO_2 所包围，高温时主氧气射流的衰减与火焰和射流间密度有很大关系，因此在高温时，要考虑高温气流与主射流间的动量守恒，射流的速度分布可做如下修正[10]：

$$\frac{u_m}{u_e} = k_j\sqrt{\frac{\rho_{O_2}}{\rho_{CO_2}}}\frac{d_e}{x}$$

$$\frac{u_r}{u_m} = \exp\left[-\lambda_j\frac{\rho_{O_2}}{\rho_{CO_2}}\left(\frac{r}{x}\right)^2\right] \tag{2-47}$$

其中：

$$\rho_{O_2} = \frac{p_e}{R_{O_2}T_e},\ \rho_{CO_2} = \frac{p_g}{R_{CO_2}T_g}$$

式中　p_e，T_e——主氧气射流初始压强和温度；

p_g——CO_2 气体的压强，近似等于炉气压力约为 0.103MPa；

T_g——火焰燃烧温度。

因为 $\lambda_j = 2k_j^2$，在一定射程内，对于多股高速射流的流场可以做一阶近似，即流场中任一点的动量等于各股射流单独作用在该点的矢量和。由于径向速度可忽略不计，经推导得：

$$u_x = m_0 n k_j u_e \frac{d_e}{x_i}\sqrt{\frac{\rho_{O_2}}{\rho_{CO_2}}}\cos\alpha \tag{2-48}$$

式中　u_x——射流 x_i 处的衰减速度；

α——喷嘴出口夹角；

n——喷孔数；

m_0——计算常数。

燃气射流形成的火焰使周围气流温度升高而明显降低密度，与常温下的超声速射流相比，聚合射流速度衰减慢，则聚合射流的等速核心区重心会后移。在一定温度下，随后的射流将会按照上式中的速度到达熔池表面。

2.6　燃料燃烧的基础理论及火焰温度分析理论

2.6.1　射流扩散燃烧理论

本书中聚合射流氧枪技术是由于采用超声速氧气主射流外包绕的环形氧燃火

焰而产生的，因此燃料种类、燃烧速度、燃烧温度及燃烧方式等诸多因素都将影响聚合射流流场的行为特征。所产生的环形氧燃火焰的燃气与氧气喷射到炉膛中的燃烧情况属于同向平行流中的自由射流。从燃烧学角度来看，当燃气与氧气被分别送进炉内，并在炉内边混合边燃烧，这时火焰较长，并有鲜明的轮廓，故称为有焰燃烧。有焰燃烧属于扩散燃烧，其特点是燃烧速度主要取决于燃气与氧气的混合速度，与可燃气体的物理化学性质无关，火焰稳定性较好，火焰长度可调范围较大。根据流场显示和流场探测资料发现，沿射流的前进方向，可将射流分为势流核心段、过渡段和充分发展段[11]，如图 2 – 4 所示。

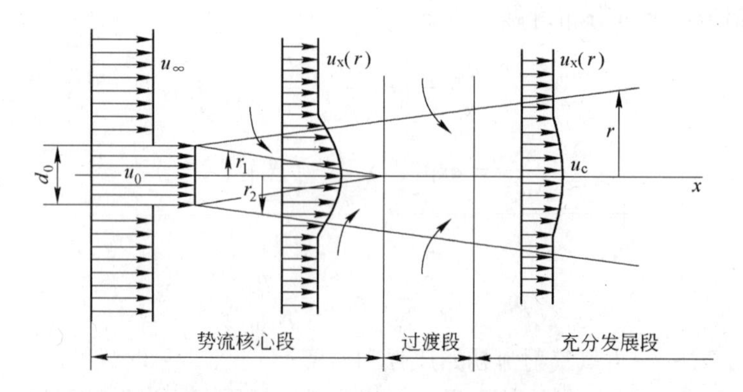

图 2 – 4 同向平行流中的自由射流

当射流出流于同向平行气流中时，射流的扩展、轴心速度的衰减、势核的长度等，都和射流与外围气流之间的速度梯度有关。如当外围气流的速度由零逐渐增大时，射流与外围气流之间的速度梯度越来越小，因而混合速度逐渐减慢，而当两者流速相等时其混合速度很慢。当外围气流的速度超过射流速度时，速度梯度又开始增大，因而混合速度也随之变快。同理，速度梯度越小，射流扩展及轴心速度衰减就越慢，势核的长度也越大。依据以上这些基本特性，可以对第 3 章聚合射流氧枪热态实验中湍流扩散火焰的长度进行分析讨论。

在同向平行射流中，射流的外边界扩张、轴心速度的衰减、射流核心区的长度等都与射流和主气流间的流速比 $\lambda = \frac{u_\infty}{u_0}$ 有关。当 $\lambda = 0$ 时就是自由射流，两者之间的速度梯度越小，混合得就越慢；当 $\lambda = 1$ 时，射流核心将贯穿整个流场；当 $\lambda > 1$ 时，环境气流流速超过射流流速，速度梯度又开始增大，混合也加强。

对于燃气射流来讲，稳定性最好的应当是层流自由射流，这在炼钢炉中显然是不可能实现的，在紊流条件下，扩散式火焰使用相应的气源时能满足伴随流的需求；另一方面，伴随流的火焰应当保证一定的长度，这样可以保证在氧气流的周围形成足够长度的等压面，达到使用伴随流的目的。燃气与氧气射流离开喷口以后，在炉内一边混合一边燃烧，因此火焰长度、宽度以及它的温度分布等特性将主要取决于燃气与氧气射流的混合。燃气火焰的长度跟多种因素有关，比如喷出速度、燃气与氧气的相对速度、气流的交角、旋流强度等。同向平行射流轴心速度的衰减规律如图2－5所示，当λ从$0 \rightarrow 1$或者从$2.13 \rightarrow 1$时，随着速度梯度的减小，混合越来越弱，射流核心将越来越长。根据湍流射流扩散燃烧的相关理论，扩散燃烧火焰长度可以利用下式进行计算：

$$h_{ft} = \frac{\beta d_0}{24cC_{0,\infty}} \tag{2-49}$$

式中，常数$c = 0.0128$。可见湍流射流火焰的长度h_{ft}与雷诺数无关，与燃料的化学当量比β和喷口直径d_0成正比，与环境中的氧气质量浓度$C_{0,\infty}$呈反比。

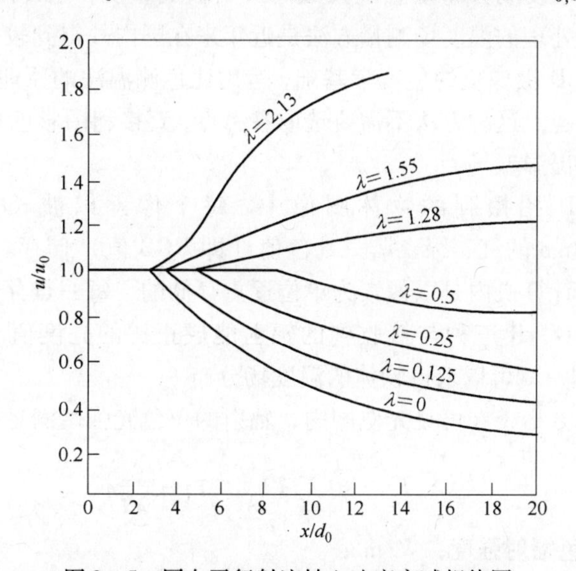

图2－5 同向平行射流轴心速度衰减规律图

从燃烧学角度来看，势流核心相当于火焰的黑根，它的长度与喷口形状，喷口速度分布及湍流强度等因素有关。在火焰结构中，火焰长度有着重要的实际意义。根据自由射流的理论，在假定火焰长度只取决于混合过程而与化学反应速度无关的前提下，得出计算火焰长度的近似公式，即：

$$l = 11\left(1 + \frac{l_0 \rho_B}{\rho_g}\right) d_0 \tag{2-50}$$

式中 l_0——理论空气需要量，m^3/m^3；

ρ_B，ρ_g——标准状态下空气与煤气的密度，kg/m^3；

d_0——喷口直径，m。

由该式看出，在湍流火焰条件下，火焰长度主要取决于燃气的种类和喷口直径。如发热量越高的燃料，则 L_0 越大，火焰便越长。当 d_0 增加时，火焰变长。因为如果流量一定，则出流速度必然应减小，此时混合便会减慢，而使火焰变长。

火焰稳定的条件是前沿面上流动速度与传播速度大小相等。火焰长度随气流速度增加而增加，随燃烧传播速度的增加而减小，如气流速度越大，燃烧前沿稳定的位置距喷口越远，但是，超过了一定范围，任何一点的气流速度都大于燃烧速度便会引起脱火。即燃气或氧气的流速过大，喷口直径过小，都会引起脱火现象。而这一点将在第 3 章聚合射流氧枪热态实验中得到验证。

2.6.2 火焰图像温度分析原理——比色测温法

高温火焰的温度场分布是燃烧领域内一个极其重要，但又比较复杂的问题。基于计算机图像处理的温度场测量方法是近年来在国内外得到较多研究的一项技术，根据彩色 CCD 摄像机的色度学基础，运用比色测温法的原理，可以进行燃烧火焰的温度场重建。这种方法不需要选取参考点，直接利用彩色 CCD 摄像机获取的火焰图像计算出温度场。

在彩色 CCD 拍摄到的物体图像中，每个像素以波长分别为 700nm、546.1nm、435.8nm 的红、绿、蓝三基色值（即 RGB 值）储存。由 CCD 获取的彩色火焰图像在计算机内是以像素为单位逐点存储的，每一点存储的信息量都包含了该点的 R、G、B 三种与接收到的辐射能成正比的亮度值。通过对测量的 RGB 值进行处理，就可以求得物体的温度场分布。

根据普朗克方程，在可见光范围内，辐射的单色光强度满足以下关系，即：

$$E(\lambda,T)=\varepsilon(\lambda,T)\frac{c_1}{\lambda^5}\exp\left(-\frac{c_2}{\lambda T}\right) \tag{2-51}$$

式中 E——单色辐射强度，W/m^3；

ε——单色辐射率；

λ——波长，m；

c_1——Planck 第一常数，$3.743\times10^{-16}W\cdot m^2$；

c_2——Planck 第二常数，$1.4387\times10^{-2}W\cdot K$。

任选 CCD 相机 RGB 的两个波长，设为 λ_1 和 λ_2，根据式（2-51）可以计算两个波长下的辐射强度，取两者的比值可得：

$$T_c=\frac{c_2\left(\frac{1}{\lambda_2}-\frac{1}{\lambda_1}\right)}{\ln\frac{E_{\lambda_1}}{E_{\lambda_2}}-\ln\frac{\varepsilon(\lambda_1,T)}{\varepsilon(\lambda_2,T)}+5\ln\frac{\lambda_1}{\lambda_2}} \tag{2-52}$$

如果把火焰看成灰体的（在大多数情况下可以做出这样假设，这是因为火焰的主要辐射成分是辐射光谱连续的固体颗粒），式中的 $\frac{\partial \varepsilon(\lambda,T)}{\partial \lambda}=0$，由此上式可以近似为：

$$T_c=\frac{c_2\left(\frac{1}{\lambda_2}-\frac{1}{\lambda_1}\right)}{\ln\frac{E_{\lambda_1}}{E_{\lambda_2}}+5\ln\frac{\lambda_1}{\lambda_2}} \tag{2-53}$$

通常情况下，我们认为辐射能量的比值可以用亮度的比值来替代。通过对CCD 的分光特性作了窄带通的理想化假设，可以得到：

$$\begin{cases}E_{\lambda_R}(T)=K_R\cdot L_R\\E_{\lambda_G}(T)=K_G\cdot L_G\\E_{\lambda_B}(T)=K_B\cdot L_B\end{cases} \tag{2-54}$$

式中，K_R，K_G，K_B 分别是 R、G、B 通道的增益系数，这些参数与 CCD 的光学特性有关，所以式（2-53）中 λ_1 和 λ_2 可以任取三色中的两种波长。如果用一个校正系数 $\phi(L_R,L_G,L_B)$ 来代替增益系数的话，可得到下式：

$$T_c=\frac{c_2\left(\frac{1}{\lambda_2}-\frac{1}{\lambda_1}\right)}{\ln\left[\phi(L_R,L_G,L_B)\frac{L_{\lambda_1}}{L_{\lambda_2}}\right]+5\ln\frac{\lambda_1}{\lambda_2}} \tag{2-55}$$

对一个具体的 CCD 设备和光路系统来说，校正系数 $\phi(L_R,L_G,L_B)$ 是一个常数。因此只要知道了一些点上的两个单色光亮度，就可以计算出这些点上的温度值。

参 考 文 献

[1] Man H C, Duan J, Yue T M. Design and Characteristic Analysis of Supersonic Nozzles for High Gas Pressure Laser Cutting [J]. Journal of Materials Processing Technology, 1997, 63: 217 ~ 222.

[2] Shapiro A H. The Dynamics and Thermodynamics of Compressible Fluid Flow [J]. New York: Ronald Press, 1953.

[3] 高攀, 刘坤, 冯亮花, 等. 氧枪喷头内部流场的仿真研究 [J]. 辽宁科技大学学报, 2012, 35 (4): 433 ~436.

[4] 吕国成. 超声速聚合射流氧枪射流特性的基础研究 [D]. 鞍山: 辽宁科技大学, 2009.

[5] 刘坤, 朱苗勇, 高茵, 等. Laval 喷管内流动特征的数值模拟 [J]. 冶金能源, 2007, 26 (4): 20 ~23.

[6] Davenport W G, Wakelin D H. Symposium on Heat and Mass Transfer in Process Met, IIM, (London), 1996: 220 ~240.

[7] 韩昭沧．燃料及燃烧［M］．北京：冶金工业出版社，1987.
[8] 刘坤，朱苗勇，王滢冰，等．低密度伴随湍流流场的仿真研究［J］．特殊钢，2008，29 (1)：10～12.
[9] 袁章福，潘贻芳．炼钢氧枪技术［M］．北京：冶金工业出版社，2007.
[10] 屠海，洪新，吕朝阳，等．集束氧枪射流特性对转炉炼钢过程的影响［J］．特殊钢，2002，23 (3)：7～9.
[11] 吴凤林，蔡扶时．顶吹转炉氧枪设计［M］．北京：冶金工业出版社，1982：51～52.

3　聚合射流氧枪射流特性实验研究

3.1　氧枪射流检测系统

3.1.1　氧枪检测系统的基本功能

（1）能够连续地提供流量为 $5m^3/min$ 的干燥、洁净的空气。若加上两个储气罐（$15m^3$，5.5MPa）储存的气体，可供120t转炉氧枪射流测定的实验用气。

（2）能够快速测定氧枪射流流场的参数，绘制各种说明流动图案的曲线。

（3）能够进行各种组合射流特性的实验研究。

（4）具有研制和开发新型氧枪的测试条件。

3.1.2　氧枪检测系统的主要组成

氧枪检测系统如图3－1所示，主要由以下部分组成：空气压缩及输气管路部分；氧枪射流喷射装置；测点定位装置；氧枪射流信号采集和数据处理等部分。其中喷射装置和测点定位装置由PLC（程序逻辑控制器）模块进行远控，数据采集和数据处理软件为重新设计模块。

图3－1　氧枪实验系统射流喷射装置

3.1.2.1　空气压缩机站及输气管路系统

压缩机站可提供5.5MPa洁净、干燥的压缩空气。其生产流程如下：

空气由过滤器吸入→空气压缩机一级气缸→一级冷却器→一级油水分离器→空气压缩机二级气缸→二级冷却器→二级油水分离器→空气压缩机三级气缸→三级冷却器→三级油水分离器→除油器→油水分离器→干燥器→储气罐（图 3－2 和图 3－3）→实验室。

图 3－2 立式储气罐

图 3－3 卧式储气罐

为防止压缩空气倒流，在空气压缩机排气管道除油器前装设止回阀。为了安全和防止误操作，止回阀后装有安全阀。

压缩空气虽然经过冷却器和过滤器，但仍含有一定的水分和尘埃。为了达到使用要求，采用吸附式干燥装置。干燥器的吸附剂均采用硅胶（$SiO_2 \cdot H_2O$）。空气净化采用装有棕麻和焦炭的除油器。由于吸附剂吸收水分达到饱和后，需要进行再生。因此，设置两台干燥净化装置以交替工作（图 3－4 和图 3－5）。

图 3－4 气体干燥罐

图 3－5 干燥除湿加热管

由空气压缩机站储气罐引出的洁净空气经输气管道送至实验室。输气管道全长约 80m。输气管道为直径 159mm 的无缝钢管焊接而成。

3.1.2.2 射流喷射装置

射流喷射装置的结构如图 3－6 所示，由空气压缩机站储气罐中流出的高压空气，经输气管线送至实验室内的主管道，流经管道总阀 1，到快速切断阀 2，通过氧气主管道 4 和主氧气支管道 5，到达电动调节阀 6，使送入稳压罐的气流达到压力稳衡的状态，气流再经过阻尼网，使其流动因扩散等原因造成的大尺度涡旋减弱，从而获得稳衡的流动。稳压罐段的直径为 0.6m，长度为 0.8m，足以达到实验所需要的稳定的驱动压力。稳定段的末端装有内收敛管，使得连接在收缩管末端的主流道接管内流速分布均匀。氧枪喷头或其他射流喷管即与主流道接管相连，从而形成了实验所需要的射流。如果实验需要在主射流周围形成伴随流或者被测射流是由不同的驱动压力和主、副流道同时供气所产生的复杂组合射流，例如射流氧枪喷头所产生的射流，在对其进行测试时，还要开启截止阀 14，气流流经扩张段 13、阻尼网 12 在稳压段中形成副流道所需要的稳定的压力，然后经减压阀 9 将气流送入主稳压罐，从而可形成主射流的伴随流。如果在副氧道中装入加热器，则可形成具有一定温度的热伴随流。如果在外收缩段的出口设置法兰，则可与双流道氧枪喷头的副流道接通而满足双流道氧枪喷头的射流测试。

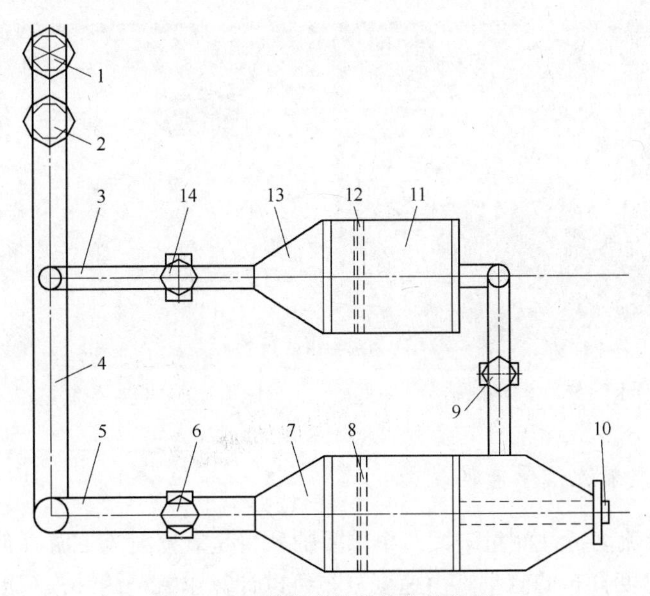

图 3－6 射流喷射装置的结构图

1—氧气管道总阀；2—快速切断阀；3—副氧道支管道；4—氧气主管道；
5—主氧气支管道；6—电动调节阀；7—稳压管；8，12—阻尼网；9—减压阀；10—氧枪接口；
11—副稳压罐；13—气流扩张段；14—电动调节阀

3.1.2.3 测量坐标系统

进行复杂组合射流流场特性的测定，首先需要确定测量坐标系统。为测定空间任意点上的流动参数，例如速度、压力等，测量探头应能方便地移向该点，并应符合测量对方向探头方位位置的要求（图3－7）。为此，需要有一个精密的测量坐标架（图3－8～图3－10），该坐标架应具有六个方向的自由度。由于射流对探头具有强烈的冲击力，因此坐标架要具有足够的强度和刚度。

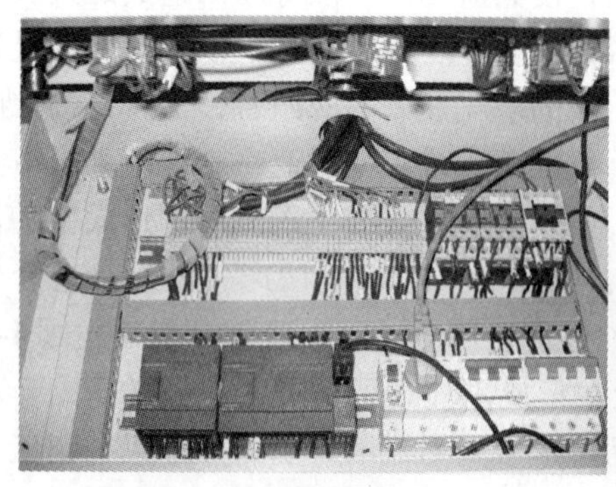

图3－7 PLC控制模块

图3－8 坐标下的液压系统

图3－9 坐标系统

图3－10 坐标控制按钮装置

3.1.2.4 射流信号采集装置

氧枪射流流动特性测量中，一个重要的项目是氧枪射流下游（使用高枪位附近）横断面速度分布的测量。由速度分布可以计算出氧枪的冲击深度等。因为在氧枪射流下游，横断面上的静压接近大气压，而且在实际高枪位处，射流的速度仍比较大，因此取整个横断面的静压为室内大气压，不会造成大的测量误差。这样，只要测量出横断面总压分布，则可算出横断面速度分布。于是测量速度分布的问题，就转换为测量总压分布问题。本系统的工作原理方框图如图 3 - 11 所示。目前使用了 61 个压力传感器。压力传感器与多通道测量放大器相连接，实现压力传感器与通道一一对应。测量放大器的每一通道放大倍数可调。测量放大器后接多通道 A/D 快速采样器，其后与计算机相连接。由采样软件控制计算机进行采样。由数据处理软件进行数据处理。其结果可由打印机或绘图机输出。

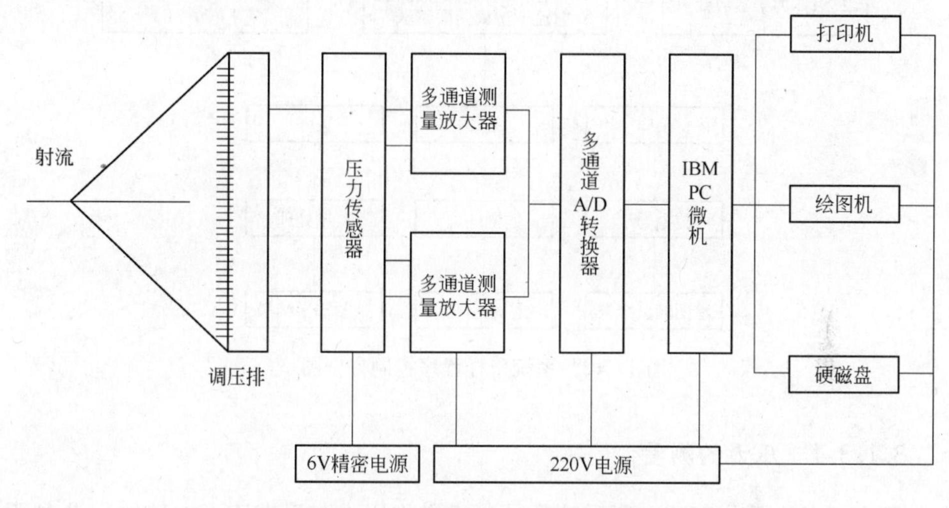

图 3 - 11 系统的工作原理方框图

3.1.2.5 采样控制程序

采样程序对氧枪射流检测系统的作用是至关重要的，本系统的采样控制程序采用分项编程、集合调用的子菜单形式。其结构方框图如图 3 - 12 所示。本采样控制程序与处理软件是大型的压力信号自动采集与处理的集成软件，是在 Windows 2000 操作系统下，以 Visual Basic 语言为主，用 Matlab 与 Visual Basic 语言混合编程，采用了时实控制技术对现场的压力信号实时监控。同时，利用目前比较成熟的数据采集技术，采用数据采集卡（ISA 接口）进行高速的数据采集工作，可以不间断地进行数据采集，极大地提高了采集的时间，使得本软件的数据采集和数据处理可以同步进行，并适合对计算机及仪器仪表不十分熟悉的人员操作使用。软件还提供了采样数据的历史查询功能，可以对检测的历史记录进行查询。

3.1.3 射流检测实验中各参数的算法标定

表征气流运动特性的物理量有压力、速度、温度、密度等，而在等温射流中，温度变化不大，可以认为保持常数，密度、温度和压力之间又以气体状态方程联系着，只要测定出压力，就可以算出速度。因此测定射流流态，主要是测定射流场中压力和速度的分布。

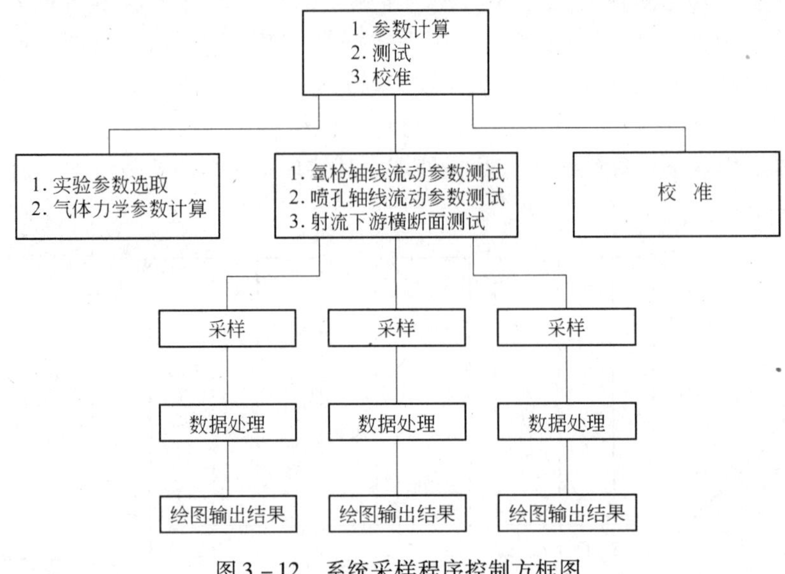

图 3 - 12　系统采样程序控制方框图

3.1.3.1　压力的测量

压力定义为单位面积上所受到的外界垂直作用力。根据压力在气体运动时所表现出来的形式不同，压力可分为两大类，一类为静压，一类为总压。下面详细介绍静压与总压。

A　静压的测量

静压是指维持气体质点运动平衡的力。对一个气体质点而言，因静压是维持气体平衡的力，因此，在该质点的各个方面上作用的静压力，其大小都是相等的。根据静压的含义，要想测定气流静压，就必须在气流不受扰动的条件下进行。也就是说，欲测某点的静压，该点的气流流动特性不应该有所变化。可是压力是接触力，为了测定它，就必须把测量仪器放到测点上去感受。这样，当把仪器放入流场后，就会使流动受到扰动，从而破坏了流动的动平衡。因此，需要用这样的办法来测定压力：把测量探头固定在气流欲测压力点上，设法使其对气流的扰动最小，或者把探头的感压部分放在气流扰动已经消失的地方，而使感压点正好处在预测点上。

本实验所采用的静压测量设备是静压探头。静压探头由一根圆管构成，圆管前端封闭，在距前端一定距离处，垂直于管壁表面钻一孔，用来感受测定点的压力。亚声速气流测量时，使其前端冲向气流，小孔正对欲测点，管子保持与气流方向相平行。为了防止探头受到气流的冲击载荷而发生松动或偏离平衡位置，以及考虑到制造工艺的可能性，探头不能做得太小，所以探头放置于气流中后，将使气流受到扰动，扰动来源于头部和把柄两个方面。头部使气流扩散，速度增大，相应地压力减少，把柄使气流受到阻滞，流速减低，而压力增大。把静压孔位置开设得适当，可把头部影响和把柄影响相互抵消。这样，静压孔所感受的压力，则可接近未受扰动气流的压力。在超声速气流中测量时，由于其头部会产生激波，从而导致静压测量的失真，因此对超声速静压探头头部形状有一定的要求。探头头部一般做成楔形，锥角一般取 8°~10°，静压孔距圆柱面到圆锥面的转变界面位置的长度不应小于 10 倍的管径。这是因为气流在头部产生斜激波，波后静压升高，当气流流过转变界面时，将发生膨胀，而使静压减小，在 10 倍管直径以后，压力恢复到接近来流的静压值。

B 总压的测量

总压指气体运动被滞止后在滞止点上的作用力。根据总压定义，把任意物体放在气流中，在物体的驻点上开一孔，则可感受总压。对绕流物体来说，除前驻点的压力等于总压外，驻点附近各点上的压力都不等于总压，因此感压孔的大小，应该相当于驻点大小，而且感压孔要开设在总压感受孔驻点位置上。实际设计总压探头时，一方面设法将总压感受孔开设在感受器的绕流驻点上，使总压孔所占面积尽量小。另一方面，则是适当的选取感受器的尺寸和头部形状，将总压尺度的影响缩小到忽略不计的程度。

本实验使用的总压探头为总压探针。它由一根细管构成，迎着气流的端部为平面，这种管的管径相当小，而且能使其头部平面与来流方向相垂直时感压孔所感受的压力就是感压孔小面积上的平均压力。这种总压管还对 ±20°范围内的气流方向性不太敏感，因此广泛的应用。在超声速气流中，用上述方法测总压，在总压管前端就会产生激波，总压管感受的不是来流气流的总压，而是激波后的总压。总压管头部做的适当，在探头前产生的激波是正激波，于是总压管测出的是波后总压，这样用气体力学知识可以算出来流的总压：

$$\frac{p_{ox}}{p_{oy}} = \left(\frac{5 + Ma}{6Ma^2}\right)^{7/2} \left(\frac{7Ma^2 - 1}{6}\right)^{2/5} \tag{3-1}$$

实验过程中，我们把总压孔探头的直径做成不小于2mm，前端平直，总压孔约等于管壁的厚度，此时在探头头部就会产生一正激波。气流偏斜对超声速气流总压测量的影响比较复杂，所以实验时管轴线与气流方向相一致。

3.1.3.2 射流流速的测量

在高枪位附近，射流中的静压已经恢复到环境压力，因此，可用环境压力来代替测点处的静压。

式（3-2）分别为马赫数定义式、声速定义式、气体在绝热过程中的速度计算式、理想气体状态方程[1]：

$$
\begin{cases}
Ma = \dfrac{v}{a} \\
a = \sqrt{\gamma R T_0} \\
v = \sqrt{2\dfrac{\gamma}{\gamma - 1}\dfrac{p_0}{\rho_0}\left[1 - \left(\dfrac{p}{p_0}\right)^{\frac{\gamma-1}{\gamma}}\right]} \\
p_0/\rho_0 = RT_0
\end{cases}
\tag{3-2}
$$

计算出速度为：

$$
v = \sqrt{7RT_0\left[1 - \left(\frac{p}{p_0}\right)^{\frac{2}{7}}\right]}
\tag{3-3}
$$

3.1.3.3 单股射流中心线上流动参数的测定

单股射流的几何轴线选若干个测点，用一静压探针和一总压探针分别测出各点的静压和总压，用其压力比来计算流速，最后输出压力衰减曲线和速度衰减曲线。

由前面所述的激波理论，对于总压探针来说，当探针离射流出口较近时，超声速射流会在探针前产生激波，此时，探针所感受的压力是波后压力。对静压而言，适当的选择探针可使测得的波后静压等于波前静压 p，通过适当选择总压探针的几何形状，总压探头感受的将是正激波后的总压 p_{oy}。

式（3－4）分别为绝热过程方程、进出探针的气体温度以及理想气体常数[2]：

$$
\begin{cases}
\dfrac{p_{oy}}{p} = \left(\dfrac{T_1}{T_2}\right)^{\frac{\gamma}{\gamma-1}} \\
T_1 = \dfrac{(\gamma + 1)^2}{2} Ma_1^2 \\
T_2 = 2\gamma Ma_1^2 - (\gamma - 1) \\
\gamma = 1.4
\end{cases}
\tag{3-4}
$$

可以得出总压 p_{oy} 与静压 p 的关系：

$$
\frac{p_{oy}}{p} = \frac{\left(\dfrac{6}{5}Ma^2\right)^{\frac{7}{2}}}{\left(\dfrac{7Ma^2 - 1}{6}\right)^{\frac{7}{2}}}
\tag{3-5}
$$

求来流 Ma，再求出声速后，可得出来流速度：

$$
v = \sqrt{\frac{7RT_0Ma^2}{5 + Ma^2}}
\tag{3-6}
$$

求速度也可以通过查气体力学书中的正激波函数表，只要根据压力比就可以得到马赫数，从而得到来流速度。但当探针离射流出口较远时，由于射流已衰减为亚声速流，探针所感受的是等熵流情形下的总压 p_0 和静压 p，此时可由式（3－3）求速度。可见，在数据处理时，必须事先由测得的压力来判断测点处气流是超声速还是亚声速，以便自动选择不同的计算公式。由气体力学的理论得到如下判断准则：

$$\frac{p_0}{p} \leqslant \left(\frac{6}{5}\right)^{\frac{7}{2}} \leqslant \frac{p_{oy}}{p} \qquad (3-7)$$

因此，我们可用常数 $C = \left(\frac{6}{5}\right)^{\frac{7}{2}}$ 作为界限。当测得的压力比大于 C 时，选择式（3－5）和式（3－6），反之选择式（3－3）。

3.1.3.4 氧枪轴线上的流动参数的测定

对多孔氧枪，诸股射流在射流出口并不相交，因此氧枪轴线的初始段并无气流流过，压力接近为零甚至出现负压。离喷头稍远处射流开始掺混，但速度不大、压力也低，可用一只皮托管同时感受总压与静压，用两只精度较高的低压传感器分别与总压孔和静压孔相连接，同时测出总压 p_0 与静压 p，由式（3－3）求速度，并绘制出压力变化的曲线及速度变化的曲线，求出射流掺混的起始点及负压区的范围。

3.1.3.5 等速度线的绘制与冲击面积的算法

速度剖面的测量结果最终以等速度线的形式形象地表示出来，供分析及进一步处理。测点很多时，数据存储量大，给绘制等值线带来很大的困难。根据实验中测点是固定的这一特点，可采用分解等值绘图法，使绘图速度大大提高。当一个剖面上的速度全部测完以后，启动绘图程序，可以在显示器上输出等速度线的图形。

在绘制等速度线的基础上，根据采集数据点的位置和间距可以直接得出射流的冲击面积和冲击范围，此即为氧枪射流的冲击面积。

3.1.4 激波对实验的影响

对于超声速射流来说，在测量射流轴线上流动参数，探针离射流出口较近时，射流会在探针前产生激波，因此如何在激波产生时，测出正确的参数，就是一个新的问题。因此有必要介绍一下激波理论。

3.1.4.1 激波理论

在超声速绕体和管流以及间断传播（爆炸、爆震）等问题中都会出现激波。

激波产生之后，机械能大量耗损转化为热能，因此出现了新型的阻力（波阻）并且使传热问题严重起来。激波可分为正激波和斜激波两种。气流方向和激波面正交的称为正激波，如一维管道中产生的激波，对称钝体绕流问题中对称轴附近的激波等；若气流方向和激波面斜交则称为斜激波。

激波并不是数学上没有厚度的间断面。从激波的折光照片中可以看到实际上激波是一个有厚度的薄层，只是厚度非常小，以分子自由程计算，只要不是在非常稀薄的气流中，激波的厚度常常可以忽略不计。在这薄层的物理量（如速度、温度）非常迅速地从激波前的数值突变到激波后的数值，速度梯度和温度梯度很大，使摩擦和热传导变得十分严重，因此在激波层内必须考虑黏性和热传导的作用。容易理解，通过激波机械能被摩擦力大量地耗损转化为热能，并且产生高温到低温的不可逆热传导过程，因此熵将增加。现在我们从力学观点考察一下，物理量通过激波后的变化情况，显然，因为机械能通过激波大量损失转化为热能，所以速度将减小，而温度将升高。既然激波后速度减低，根据质量守恒定理，为维持质量在激波前后不变，必须使激波后的密度增加。其次，我们知道，激波后的动量小于激波前的动量，因此根据动量定理，压力通过激波后将升高。因此可见运动学元素速度 v 通过激波将减少，而热力学元素 p,ρ,T,i,s 通过激波都将增加。这个结论将在下面的理论分析中再一次得到证实。

由于激波的厚度以分子自由程计，因此，严格说来，激波内的流体已不能采用连续介质的模型，而必须当作稀薄气体的流动才能了解物理量的变化情况。

而实际问题中我们对激波内的流动状态不感兴趣，而只需要知道物理量通过激波后最终变成什么样子就行了。在这种情形下，我们可以对激波做如下的简化理论模型，忽略激波厚度将激波看成是数学上的间断面，通过它物理量发生跳跃。激波前后的气体仍然是理想绝热且比热容为常数。为了使得采用这个模型后所得出的结果符合实际情况，我们让激波前后的气流满足基本物理规律，即质量、动量、能量守恒和状态方程及热力学第一、第二定律。由于物理量发生了非连续性变化，不能采用微分形式的基本方程而只能采用积分形式的方程。可以理解，由于激波的厚度非常薄，而且流动过程是遵循了基本规律，因此利用这个理论模型求出来的激波后物理量的数值将基本上符合实际情况。事实证明，无论是实验结果或者是用黏性热传导的连续介质模型解出激波内流动的理论结果，都和采用上述理论模型后得到的结果甚相符合。

3.1.4.2 激波的定性分析结果

从普朗特公式 $\lambda_1\lambda_2 = 1$（$\lambda = v/a^*$，为无量纲速度）看出，激波前是超声速，激波后变成亚声速流，同时，压力、密度、温度通过激波后都增加，原因是通过激波由于机械能的损耗，速度应减少，由超声速变成亚声速。同样可以通过热力学第二定律证明激波面前后绝热流体的速度变小：孤立系熵不减少（$\Delta s \geqslant 0$）的事实证明速度增大的跳跃是不可能的，也就是说，实际上存在着的是速度变小的跳跃。根据普朗特公式，如果激波前是亚声速的（$Ma_1 < 1$），那么，熵将减少，$\Delta s < 0$，这显然违反热力学第二定律，因此增速跳跃不可能产生，这个结论和实际观测到的结果是符合的。如果激波前是超声速的（$Ma_1 > 1$），也就是说发生增密跳跃情形，那么熵将增加，$\Delta s > 0$，这和热力学第二定律符合，因此减速跳跃是客观上存在着的流动状态。所以激波一旦产生，熵一定增加，不可能有熵保持不变的情形，即 $\Delta s = 0$。因为 $\Delta s = 0$ 只有在 $Ma_1 = 1$，即不发生激波时才存在。

3.1.4.3 本实验处理激波的方法

根据前面所阐述的原理，本实验中通过合理选择总静压探针的几何形状，使得静压探针所感受到的波后压力等于波前压力；总压探针所感受到的波后压力是正激波后的压力，这样就巧妙地避免了由于产生激波而引起的不必要的麻烦，达到了实验的目的。

3.1.5 聚合射流氧枪结构尺寸

本实验所采用的聚合射流氧枪喷头结构尺寸如图 3－13 所示。其中中心主孔为拉瓦尔喷管，第一副孔和第二副孔分别为 ϕ5mm 和 ϕ4mm 的圆孔共 16 个，均匀分布；ϕ22mm 孔的螺纹和检测系统的气流出口配套。实验中的传统超声速氧枪喷头只是拉瓦尔喷管，无第一副孔和第二副孔的环绕。

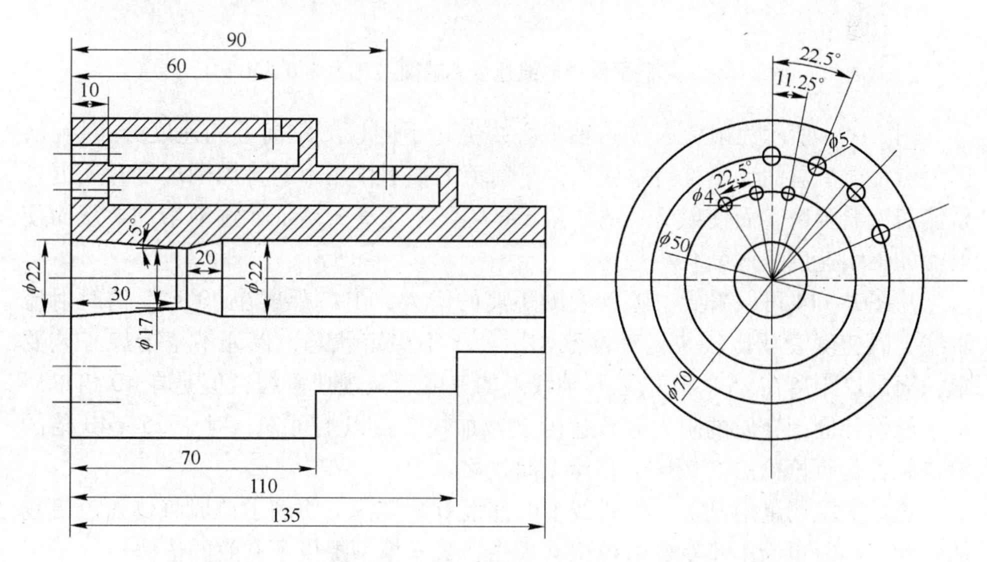

图 3－13 聚合射流氧枪喷头结构示意图（单位为 mm）

3.2 单股传统超声速氧枪射流特性的实验研究

对于氧枪来说，在多大的枪位下，冲击深度多少，是氧枪操作必须要制定的工作曲线。通过测试从氧枪喷头单一喷孔流出的射流的运动衰减规律，求取射流轴线上速度衰减规律，来制作氧枪工作曲线。实验检测结果示于表 3-1 及图 3-14 中。

表 3-1 检测参数

x/D_e	20	22.1	24.7	26.4	28.5	30.7	32.8	36.2	37.1	39.2	41.4
速度/$m \cdot s^{-1}$	320	261	222	189	168	159	147	140	131	122	90

注：压力为 0.8MPa。

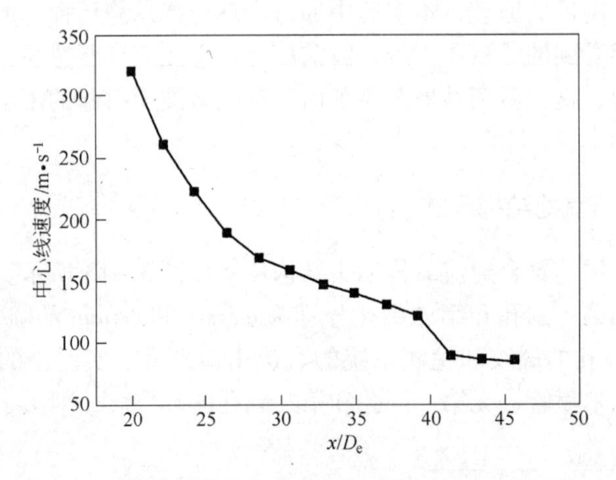

图 3-14 单股射流中心线速度衰减图（压力为 0.8MPa）

图 3-14 所示为射流区域内轴中心线上，不同检测距离下的速度分布情况，因为沿程射流总的动量保持不变，由于射流的抽引作用不断将周围环境介质混入射流湍流混合区，而使射流总的质量流量随下游距离的增加而逐渐增加，从而使射流的轴线速度呈逐渐减小趋势。

从图 3-14 可以看到，随着检测距离的增大，出口距离在 20~25 倍时射流轴线上的速度衰减比较快，对熔池作用处于不稳定状态，保证不了冶炼工艺要求。而出口距离在 25~40 倍之间轴线上的速度衰减规律平缓，但是在 40 倍以后由于能量和周围介质的阻力导致速度衰减加快。由以上可知，对于 25~40 倍的出口距离是氧枪枪位的最佳工艺操作曲线段。

通过实验测量得到射流中心线上的速度衰减规律，明确了单股气体射流流场的特性，同时也为第 4 章数值模拟合理选择数学模型提供了有效的依据。

3.3　多股氧枪射流特性的实验研究

从冶炼的要求出发，所关心的是氧射流的速度分布问题。因为它直接关系到冶炼时枪位的选取、冲击深度和冲击区域、氧枪寿命以及氧气利用率等一系列氧枪操作和冶炼技术经济指标问题。因此，进行氧枪喷头多股氧射流流动特性的冷态测试对实际炼钢生产具有重要的应用价值。

3.3.1　驱动压力对射流中心线速度的影响

由于不同的驱动压力对射流速度和能量产生很大的影响，检测不同驱动压力时，从射流轴线衰减曲线图可以看出射流轴线速度衰减规律。实验检测氧枪参数见表3－2，射流的中心线速度检测结果示于表3－3及图3－15中。

表3－2　检测氧枪参数

孔数	出口直径/mm	喉口直径/mm	出口 *Ma*	张角/(°)	驱动压力/MPa	氧枪直径/mm
4	40	31	1.98	12	0.75	215

表3－3　实验中射流的中心线速度　(m/s)

压力/MPa \ 距离/cm	80	100	120	140	160	180	200	220	240	260	280	300	320
0.85	290	202	182	138	114	101	88	82	74	70	67	66	65
0.75	198	163	125	114	99	83	80	72	66	64	62	51	49
0.65	196	155	118	106	85	75	70	66	64	63	50	48	46

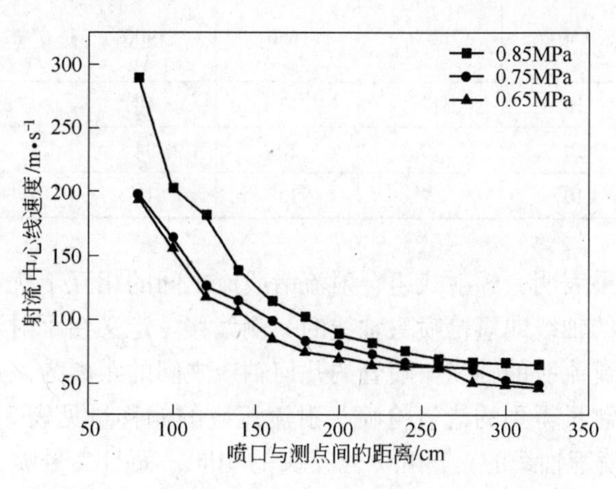

图3－15　不同驱动压力下的射流中心线速度衰减图

图3－15所示为三种不同的驱动压力条件下测得的喷头射流中心线上的速度衰减图。从图中可以看出，在不同的驱动压力下，随着枪位的升高速度呈衰减趋势，其衰减规律和趋势基本上与单股射流一致；压力增大时，相对枪位上的速度呈增大的趋势。当驱动压力大于设计压力时，射流中心线上的速度衰减减慢，其原因是流股在喷孔出口处为不完全膨胀气流，此时的喷孔出口压力大于环境压力，所以流股会继续膨胀，使射流中心速度衰减减慢。当驱动压力小于设计压力时，在喷孔出口处出口压力将小于环境压力。在喷管的出口处形成斜激波，从而削弱了射流能量，造成了射流中心速度较快的衰减。

3.3.2　射流中心线相对于喷孔几何轴线的偏移

氧枪射流是复杂的辐射式组合射流，在氧枪喷头结构的制约下，诸股射流相互干扰。因此，研究氧枪喷头的结构参数对诸股射流相互干扰混合的影响，对于了解氧枪射流的特性是非常重要的。对于几何形状和尺寸相同的氧枪喷头的喷管来说，诸股射流之间的干扰影响，主要取决于喷管的几何轴线之间的夹角，以及相邻两流股之间的距离。表3－4列出了实验的氧枪喷头的结构参数，实验检测结果示于表3－5及图3－16中。

表3－4　实验用氧枪喷头的参数

喷头编号	孔　数	喉口直径/mm	出口直径/mm	出口 *Ma*	张角/(°)
1	3	28.5	36.6	1.9	10
2	4	24.0	30.0	1.9	10
3	5	28.5	36.5	1.9	12

表3－5　射流中心线的偏移　(cm)

喷头编号＼距离/mm	850	1200	1650	1900	2250	2600
1	10	12	13	18	37	51
2	10	10	20	34	44	65
3	10	12	13	18	35	41

实验测量结果表明，辐射式组合射流诸股流之间的相互干扰影响，首先表现为使得单股射流的轴线向氧枪喷头轴线的一侧偏移。定义在距射流出口截面同一距离处，实际射流流股的轴线与喷管的几何轴线之间的距离为该点的射流流股轴线偏移量。实验测量得到的诸氧枪喷头射流流股的偏移量见表3－5。由表3－4看到，1号喷头喷管轴线的夹角和2号喷头的相同，而且2号喷头的喷管出口直径比1号喷头的小，但由于2号喷头是四孔喷头，在与1号喷头具有相同的喷管

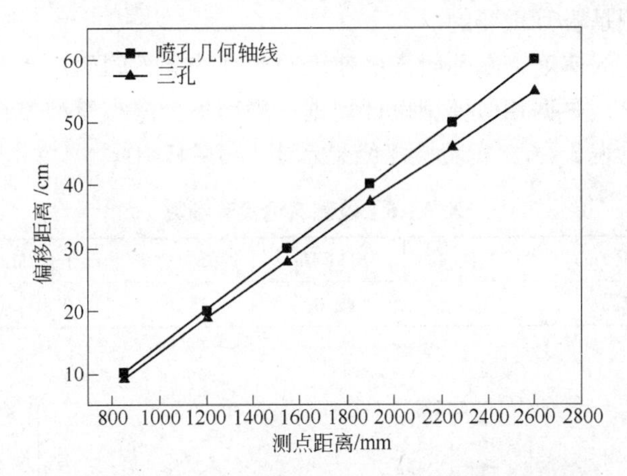

图 3－16 射流中心线相对于喷孔几何轴线的偏移量

轴线所在的节圆上有四个喷孔，致使两相邻侧面间的距离远比只有三个喷孔时的距离要小，因此导致了诸股射流干扰影响大，而使射流流股轴线偏移量增大。

1 号与 3 号氧枪喷头的喷管几何尺寸基本上相同，但喷管轴线与氧枪喷头的轴线夹角不同。表 3－5 的结果说明，夹角越大，射流流股偏移量越小。夹角越大，诸股射流彼此相距较远，在射流出口后相同的距离处，彼此混合干扰影响较小，因此流股轴线的偏移相应的就小。

由表 3－5 的数据分析可知，对于氧枪射流来说，诸股射流的相互混合干扰的影响而向氧枪喷头轴线的一侧偏移，其偏斜量取决于喷管的几何轴线与氧枪喷头的轴线之间的夹角和诸股射流彼此之间的相邻距离。夹角越小，诸股射流相邻的距离越小，则射流流股向轴线的偏移量就越大。

氧枪射流流股周围环境的非对称是产生偏移的主要原因。流股的内侧一边因受具有较高速度的运动气流的影响，使这一侧发生的湍流动量交换以及随之而引起的射流速度衰减较之流股的外侧应有所迟缓，从而导致射流流股中的最大速度（轴线上的速度）位置的相应内移。相邻两股射流的内侧越接近时，这种影响就越严重。可以看出，射流流股轴线的偏移，使得距射流出口同样距离处轴线上的速度相应地减少了。换句话说，它加速了氧枪射流的速度衰减。

3.3.3 氧枪轴线上的速度分布规律

通过测试氧枪轴线上的速度，可以了解氧枪喷头诸股射流边界相互掺混发生的迟早程度及沿氧枪轴线是否出现了负压区域。如果诸股氧射流相互掺混发生得早，而且诸股射流的外边界的外侧连成了一个封闭的圈，那么氧枪轴线方向的气体被拖带沿流而下以后，外界又补充不进足够的气体，氧枪轴线上就会出现局部负压区域，极易造成粘枪、烧枪而降低氧枪寿命。因此，对氧枪轴线上的速度分布规律进行检测是极其重要的。

氧枪轴线上的速度衰减和射流的速度衰减规律是不同的。实验室的气源可以满足测试的要求，根据相似模型设计规则，采用1∶2缩小模型进行实验检测。检测氧枪的参数见表3－6，实验检测结果示于图3－17中。

表3－6　检测氧枪实验参数

孔数	出口直径/mm	喉口直径/mm	出口 Ma	张角/(°)	驱动压力/MPa	氧枪直径/mm
4	52	40	2.0	15	0.8	300

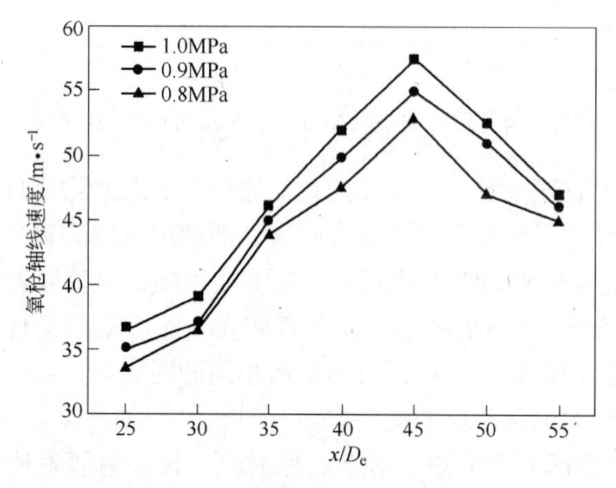

图3－17　氧枪轴线速度分布趋势

图3－17所示为在三种不同驱动压力的条件下而进行的检测。从图中可以看出，氧枪轴线上的速度衰减基本上呈抛物线的形式。对于射流刚流出喷口时，在气流还没有卷吸前，氧枪轴线中心线上的速度是比较小的，各射流互不相交。随着射流的不断推进，流股之间的卷吸能力增强，导致喷头中心线上的速度不断增加，逐步达到最大值。再向前推进，由于射流横断面扩大，流速减低，发生衰减扩散，虽然流股间的相互卷吸作用加强，但喷头轴线上的速度仍然下降。如果氧枪喷孔轴线相对于氧枪轴线的夹角小，而且孔间距也小时，则由于衰减，相交掺混就会发生得更早。氧枪喷头设计要求之一是希望诸股射流在到达熔池前彼此不相交，测试结果显示出在氧枪操作范围内多股射流间有一定程度的相交掺混。

喷头轴线上的压力变化曲线与速度变化曲线相似。对于静压来说，在距喷头较近的距离内，轴线上的静压为负值，这是由于多股射流相互作用的结果，随着射流的前进，喷头轴线上射流静压上升，动压下降，直到与环境压力相等，达到气体的稳定状态。从提高氧枪寿命考虑，希望诸股射流相交掺混发生得越迟越好，这样，氧枪轴线上出现的负压区将远离喷头出口，不易造成粘枪、烧枪等弊病。

3.3.4 射流冲击面积的研究

对于冲击面积的研究，采取在不同的枪位下，对射流的冲击面积进行检测，由此得到枪位对射流冲击面积的影响规律。检测氧枪的设计参数见表3－6，根据相似模型设计规则，采用1∶2缩小模型进行实验检测。实验检测结果示于表3－7及图3－18中。

表3－7 驱动压力为0.8MPa下的冲击面积 (m^2)

x/D_e 速度/$m \cdot s^{-1}$	20	30	40	50	60	70
230	0.251	0.242	0.231	0.219	0.214	0.203
180	0.268	0.289	0.391	0.302	0.293	0.277
130	0.292	0.363	0.432	0.375	0.354	0.332
80	0.353	0.505	0.657	0.804	0.951	0.895
30	0.401	0.512	0.747	1.086	1.252	1.784

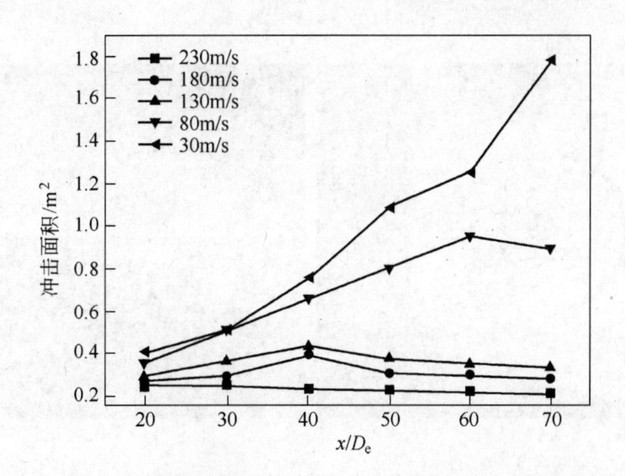

图3－18 驱动压力为0.8MPa时的面积与枪位的关系

图3－18所示为在一定的驱动压力下，枪位对射流冲击面积的影响，具体分析如下：

（1）在一定的枪位下，随着冲击速度增加，冲击面积减少。

（2）当冲击速度一定时：

$u<80m/s$时，冲击面积随枪位增加而增加；

$80 \leqslant u < 200m/s$时，冲击面积随枪位的变化大致呈抛物线状，并在某处（H_{opt}）达到最大值，另外，H_{opt}值也随冲击速度而变化；

$u>200m/s$，枪位增加，冲击面积略呈下降趋势。

3.4 聚合射流氧枪射流特性物理实验

3.4.1 聚合射流氧枪实验装置

聚合射流氧枪实验所用到的实验装置如图 3 – 19 所示，主要包括以下设备：产生伴随射流的氧气罐（图 3 – 19（a））；产生伴随燃气射流的汇流排（图 3 – 19（b））；产生聚合射流用的氧枪喷头，主孔通压缩空气，中间孔通燃气，最外孔通氧气（图 3 – 19（c））；主孔压缩空气、伴随燃气和氧气的输入管（图 3 – 19（d））。

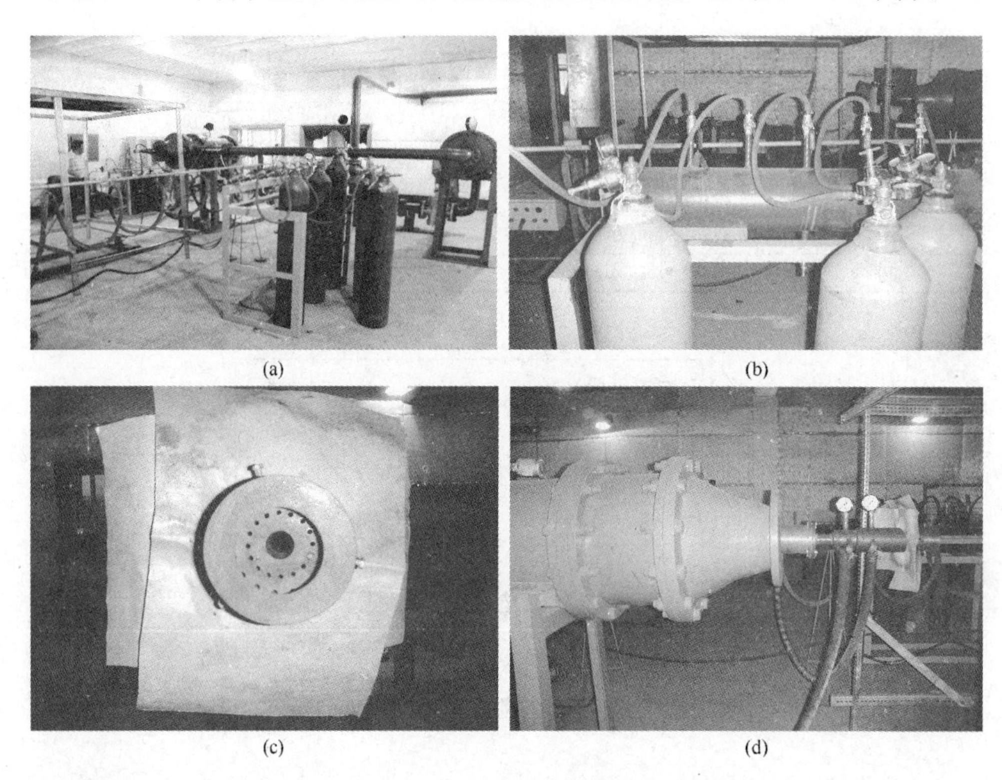

(a) (b) (c) (d)

图 3 – 19 聚合射流氧枪实验的部分实验装置

3.4.2 冷态实验与结果分析

聚合射流的理论实质是射流的周围有低密度的伴随流存在，使射流的衰减减慢，用来达到实际冶炼的要求。冷态实验采用氦气来代替燃气进行实验。实验所用喷头的主孔直径是 0.022m，副孔直径是 0.005m，主孔处于设计工况取设计压力 0.8 MPa，图 3 – 20 所示的是伴随流压力分别为 0.16MPa、0.20MPa、0.30MPa 与无伴随流时的传统超声速射流比较的实验结果[3]。从图中可以看出，伴随流的存在减缓了中心射流的沿程衰减，提高了中心射流的速度。从而论证了聚合射流比传统的超声速射流的沿程衰减缓慢，具有轴向更大的冲击能力，将会对钢铁的冶炼效果产生质的飞越。

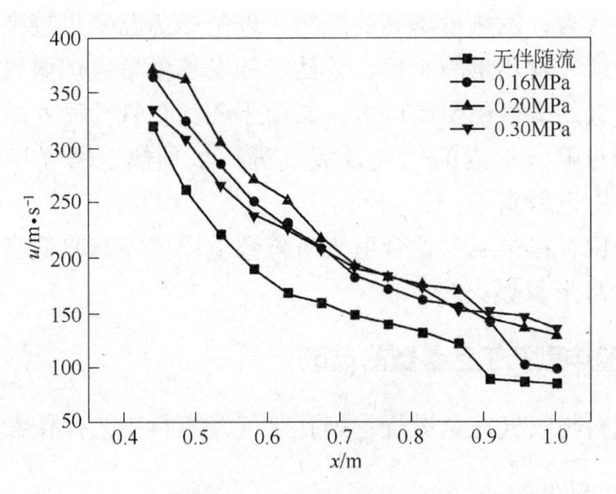

图 3－20　无伴随流与有伴随流的冷态实验结果比较

伴随流的存在减缓了中心射流的沿程衰减，当伴随流压力由 0.16MPa 增加到 0.20MPa 时，中心射流的衰减得到了进一步的减缓。但伴随流压力增加到 0.30MPa 时，从图 3－20 可以看到，其对中心射流的保护作用不如前者，而且曲线的波动较大。由伴随流入口压力的相关计算，得知压力为 0.212 MPa 时刚好在出口处达到声速，若入口压力再增大，则剩余压力在出口后继续膨胀，导致流动的不稳定性，这就是伴随流压力为 0.30 MPa 时曲线波动的原因。所得实验结果验证了理论分析的结论，因此第 4 章中数值模拟选取伴随流压力小于 0.20MPa 的范围为研究对象。

3.4.3　热态实验伴随流介质的选择要求

目前，气体燃料按照其来源可分为天然气体燃料和人造气体燃料。

天然气体燃料是在自然界直接开采和收集的、不需要加工及可燃用的气体燃料，包括气田气、油田气和煤田气三种。人造气体燃料是以煤、石油或各种有机物为原料，经过各种加工而得到的气体燃料，包括高炉煤气、焦炉煤气、发生炉煤气、油制气、液化石油气等。

气体伴随流介质的燃烧在集束射流中起到对氧气主射流的保护作用，减缓主射流的衰减。对伴随流介质的选择应该满足以下几点要求：

（1）燃气中的多碳分子组成的烃类占比重要小，避免在高温缺氧的条件下燃气受热分解生成新的物质，破坏设备，影响工作效率；

（2）燃气中对炼钢生产危害较大的硫等有害元素含量要少；

（3）燃烧时热值高，生成的燃烧产物污染小。

从多方面综合考虑，丙烷无毒性、热值较高的特点满足上述要求且经济，故本次实验选取的伴随流介质为丙烷气体。

一般通俗地认为，发热量越高的燃料，理论燃烧温度也较高。如焦炉煤气的发热量约为高炉煤气发热量的 4 倍，天然气的发热量是焦炉煤气的 2 倍，而丙烷的发热量是天然气的 2 倍还要高许多。又由于燃气与氧气喷入温度达 2000K 左右的炉内，相当于对喷入炉内的燃气及氧气进行了预热，燃气与氧气预热温度越高，理论燃烧温度也越高。

依据以上分析，在第 4 章聚合射流氧枪数值模拟中选取低密度伴随射流温度为 3000K 来模拟环形氧燃火焰。

3.4.4 热态实验中副孔工艺参数的选取

为使副孔燃料与氧气完全燃烧，副孔氧气及燃料工艺操作参数的确定如下。

3.4.4.1 燃料孔

由喷头结构（详见第 3.1.5 节）可知，燃料出口为 16 个直径为 4mm 的圆孔，其面积为：

$$F = \frac{1}{4}\pi D^2 \times 16 = 4\pi \times (0.004)^2 = 2.01 \times 10^{-8}\ \mathrm{m}^2 \qquad (3-8)$$

实验用燃料为丙烷，其物理性质为 $\gamma = 1.125$，$R = 186.68\ \mathrm{J/(kg \cdot K)}$，15℃时密度 $\rho = 1.8646\ \mathrm{kg/m^3}$。由一维等熵流动，可求得出口达到声速时的压力为 0.175MPa。燃料的滞止压力变化为 0.12 ~0.20 MPa，根据流量公式：

$$Q_{\mathrm{m}} = \sqrt{\frac{\gamma}{R}}\frac{p_0}{\sqrt{T_0}}Ma\left(1 + \frac{\gamma - 1}{2}Ma^2\right)^{-\frac{\gamma+1}{2(\gamma-1)}}F \qquad (3-9)$$

当 $p_0 = 0.12$ MPa，求得 $Ma = 0.566$，滞止温度 $T_0 = 273 + 15 = 288$ K，代入公式求得 $Q_{\mathrm{m}} = 0.0525\mathrm{kg/s}$，$Q_{\mathrm{V}} = \frac{Q_{\mathrm{m}}}{\rho} = 0.028\mathrm{m^3/s}$。同理当 $p_0 = 0.20$ MPa 时，$Q_{\mathrm{V}} = 0.059\ \mathrm{m^3/s}$。

1 体积丙烷燃烧需要 5 体积的氧气量，所以此时的丙烷流量需要氧气量为 0.14 ~0.295$\mathrm{m^3/s}$ 。

3.4.4.2 副氧孔

由喷头结构可知，副氧孔出口为 16 个直径为 5mm 的圆孔，其面积为：

$$F = \frac{1}{4}\pi D^2 \times 16 = 4\pi \times (0.005)^2 = 3.14 \times 10^{-8}\mathrm{m}^2 \qquad (3-10)$$

氧气物理性质为 $\gamma = 1.4$，$R = 259.67\ \mathrm{J/(kg \cdot K)}$，15℃时密度 $\rho = 1.355\mathrm{kg/m^3}$。由一维等熵流动，可求得出口达到声速时的压力为 0.192MPa。

氧气的滞止压力变化为 0 ~ 0.8 MPa。当滞止压力为 0.8 MPa 时，Q_V = 0.464 m^3/s。

由于本实验所涉及的燃烧方式为扩散燃烧，此时的气体燃烧时所需的氧气将通过扩散的方式来供给，其完全燃烧程度取决于氧气与燃料的混合程度。所以取氧气需要量为原来的 1.6 倍，此时当燃料滞止压力为 0.20MPa，所需氧气量为 $0.059 \times 5 \times 1.6 = 0.472m^3/s$ 大于 $0.464m^3/s$，将要产生不完全燃烧现象。

3.4.5 热态实验过程

实验过程如图 3-21 所示，具体说明如下：

(1) 先开启燃气阀门（主要成分为丙烷，热值高达 83.68MJ/m^3 以上），压力为 0.12MPa，正处点火阶段如图 3-21（a）所示。此时燃气的燃烧主要是与空气中的氧气反应，燃气的不完全燃烧使得火焰呈橘黄色，略微发红，表面有褶皱。由于射流火焰速度很小且极不稳定，受外界空气的影响后喷出的火焰射程非常短并向上方跳跃燃烧，燃烧反应面积比较大，火焰呈现出无规则的紊流状。

(2) 再开启助燃氧气阀门，氧气压力由小逐渐增大至 0.8MPa，其火焰呈现紊乱形状且发飘，火焰颜色呈现红色如图 3-21（b）所示。此时燃气主要与助燃氧气反应，随着氧气压力的增大，射流速度逐渐变大，射流火焰由原来的向上发展转为向前发展。火焰颜色由红色转变为发白发亮，异常耀眼，只有火焰头部的外焰发红，是由于燃烧充分所致。射流火焰射程较长，燃烧面积明显减小。由第 2 章燃烧理论分析可知，由于氧气与燃气速度梯度逐渐减小，致使二者混合减慢的缘故。

(3) 此时开启氧枪主射流压缩空气阀门，并逐渐将压力调节为设置压力 0.8MPa，与已经开始燃烧的燃气伴随流形成最初状态的聚合射流，如图 3-21（c）所示。此时已经形成明显的聚合射流，集中度较高，火焰主体发白，边缘略微发蓝，过程中噪声较大，火焰形状不再紊乱而呈现火炬状且长度有缩短趋势。

(4) 将燃气压力由 0.12MPa 逐渐增加，发现火焰变得越来越刚劲有力，火焰呈耀眼的白色，边缘略微呈现蓝色且长度不断增长，在较长的距离内保持着较高的集中度，呈明显的“光束”状态，并伴有较大的噪声，如图 3-21（d）所示。由于氧气与燃气速度梯度不断减小，二者混合减慢而使火焰长度不断增长的缘故，且燃料燃烧充分火焰呈现蓝色。

(5) 当燃气压力超过 0.2MPa 逐渐达到 0.25MPa 时，由于所用燃气热值很高，副氧流量已达不到使其完全燃烧的程度，其火焰周围开始冒火星，火焰颜色呈现红黄色，火焰宽度较满意状态时要大一些，边缘颜色略微发红。但是射流仍有一定的集中度，并伴随较大噪声，如图 3－21（e）所示。其理论详见第 2 章第 2.6 节。

(a) (b) (c) (d) (e) (f)

图 3－21 聚合射流氧枪实验过程

(a) 点火过程；(b) 开启燃气及助燃氧气；(c) 聚合射流初期；(d) 聚合射流中期；(e) 聚合射流后期；(f) 聚合射流脱火

（6）此时将燃气压力由0.2MPa逐渐减至0.12MPa时，观察火焰又重新凝聚成像激光束一样的蓝色火焰且火焰长度不断缩短。重复图3－21（d）过程和图3－21（c）过程。待射流稳定时通过信号采集处理系统测量待测点压力，并使用测温仪器测量火焰温度。

（7）当主射流压缩空气驱动压力设置较高超过1.0MPa时，周围的环状火焰立即消失，即发生了脱火现象，如图3－21（f）所示。其理论详见第2章第2.6节。由此可见，如想使主孔压缩空气压力设置较高时，则其伴随的燃气和副氧需有更大的流量匹配才行。根据所测数据，在保证测压仪器不致损坏的前提下确定实测时测压仪器的坐标，此时顺次关闭燃气阀门、副氧阀门及主孔压缩空气阀门。

由伴随射流产生的环状火焰特性分析得出，若要产生稳定而又能使火焰长度可调的聚合射流，需要主孔气体与副孔燃气、氧气在流量上有适宜的搭配。再者，根据燃气种类不同，其热值也各不相同，为保证燃料完全燃烧，在流量上需副孔燃气、氧气要协调好，才能既保证不造成能源浪费又能依据冶炼工艺要求随意调节火焰长度。

3.5 热态实验结果分析

3.5.1 聚合射流速度场结果分析

3.5.1.1 聚合射流中心线速度

中心线速度反映出射流沿轴线的速度变化规律，它决定着射流的冲击力、枪位等一系列指标。通过对聚合射流喷头进行热态实验得出，在相同实验条件下的单股传统超声速射流和单股聚合射流的中心线速度衰减数据，将数据进行处理后得到射流中心线速度衰减曲线图。热态实验主孔处于设计工况取设计压力0.8MPa，伴随流压力0.12～0.20MPa，出口马赫数达到设计值2.0。实验检测结果示于表3－8及图3－22中。

表3－8 距喷口不同距离处射流中心速度分布 (m/s)

距出口距离/cm	聚合射流	传统射流
0	542	542
5	540	516
10	537	484
15	530	414
20	517	332
25	504	208
30	490	149

续表 3 - 8

距出口距离/cm	聚合射流	传统射流
35	474	98
40	459	55
45	426	
50	396	
55	361	
60	334	
65	299	
70	261	
75	232	
80	198	

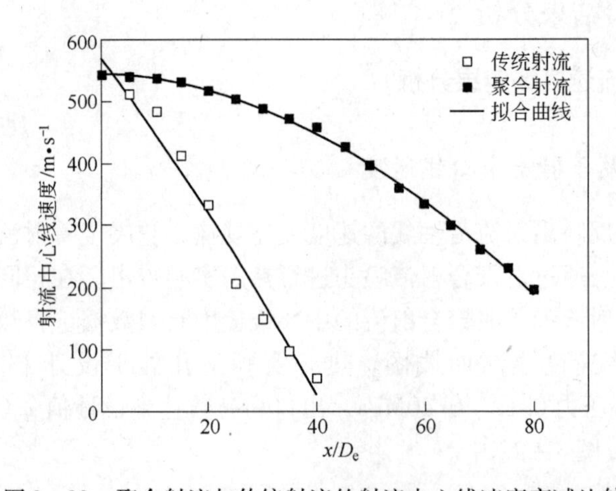

图 3 - 22 聚合射流与传统射流的射流中心线速度衰减比较

图 3 - 22 所示为聚合射流和传统射流的中心线速度衰减曲线比较，由图可以看出在相同的出口条件下，传统射流在射流出口附近能够保持较高的中心线速度，然而当离开喷口一段距离之后，由于受到外部介质的干扰射流衰减较快，当到达约 $20D_e$（440mm）处时已经处于超声速区和亚声速区的分界点，而后衰减程度继续加大，到达距离喷口 $30D_e$（660mm）之后，射流速度降低到了一个较低的水平，大约为 90m/s 左右，处于穿透渣面的临界速度。而对于聚合射流来说，由于射流中心的主射流受到周围燃气伴随流的保护，在相同出口条件下，射流与周围介质动量交换减少，从而大大延长了射流的超声速区域。由表 3 - 8 所

示，在距离喷口 $60D_e$（1320mm）处聚合射流的中心线速度仍然高于传统射流在离喷口 $20D_e$ 处时的速度。由图 3－22 可以看出，本实验系统下的聚合射流的超声速区域长度约为传统射流的 3 倍。

3.5.1.2 聚合射流径向速度

径向速度分布反映着射流的径向扩散程度，通过测定射流的径向分布可以了解射流对熔池的冲击面积大小。对聚合射流分别取距喷口端面距离 $25D_e$、$40D_e$、$55D_e$ 处，传统射流取距喷口端面 $25D_e$ 处进行对比分析，得出聚合射流与传统射流的速度在径向扩散上的不同分布特性。实验检测结果示于表 3－9 及图 3－23 中。

表 3－9　距喷口端面 $25D_e$ 处的射流径向速度分布　（m/s）

径向距离/cm	－25	－20	－15	－10	－5	0	5	10	15	20	25
聚合射流	88.2	91.6	127.3	362.4	497.5	504.8	498.2	360.1	128.4	92.5	88.6
传统射流	196.2	201.1	202.9	205.2	206.3	208	207	204.9	202.8	200.6	196.4

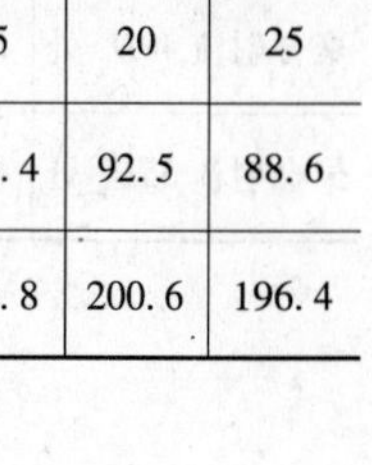

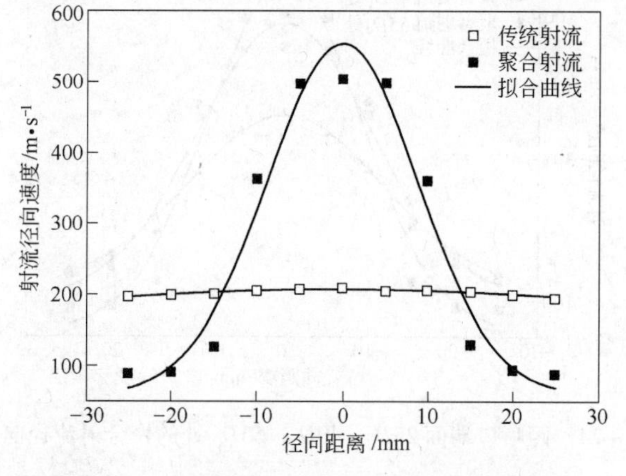

图 3－23　距喷口端面 $25D_e$ 处的射流径向速度

由表 3－10 和图 3－24 可知，聚合射流在距喷口端面 $25D_e$ 和 $40D_e$ 处，射流十分集中，在距出口 $55D_e$ 处，射流还比较集中，而在表 3－9 及图 3－23 中可以看出传统射流在距出口 $20D_e$ 处就已经发散了。这就是说，聚合射流在较长的距离上保持着出口速度。对比传统射流可以发现，燃气伴随流的存在延长了聚合射流的超声速区域长度，使得射流在较长的距离内保持着较高的集中度。从图 3－23 中还可以看出，传统射流的径向速度分布较为均匀，且在射流的边缘传统射流的速度径向分布值要高于聚合射流。这是由于聚合射流外围的燃气伴随流具有一定的速度，同时又在主射流周围形成了一层环形气流，使得主射流与周围环境的动量和热量交换都大为降低。相反传统射流与周围环境的速度梯度差较大，因此主射流与周围环境进行着激烈的动量交换使得射流速度径向分布较为平直，同时射流中心线速度远远低于聚合射流。这一实验结果很好地验证了聚合射流的燃气伴随流对降低射流中心线速度衰减程度的作用。

表 3－10　距喷口端面 $25D_e$、$40D_e$、$55D_e$ 处的聚合射流径向速度分布

径向距离/cm	－25	－20	－15	－10	－5	0	5	10	15	20	25
聚合射流 $25D_e$ 处	88.2	91.6	127.3	362.4	497.5	504.8	498.2	360.1	128.4	92.5	88.6
聚合射流 $40D_e$ 处	135.3	152.4	206.1	379.8	451.7	459.2	452.7	375.5	197.4	148.6	134.8
聚合射流 $55D_e$ 处	140.2	164.4	219.3	286.7	335.4	362.5	338.6	280.7	218.4	165.4	140.7

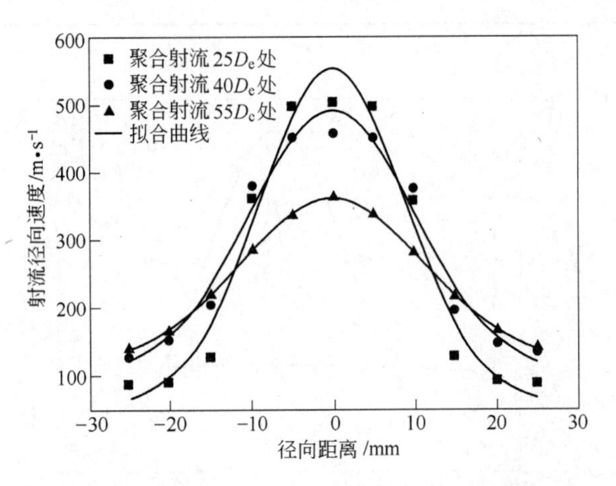

图 3－24　距喷口端面 $25D_e$、$40D_e$、$55D_e$ 处的聚合射流径向速度

3.5.2　聚合射流冲击力

氧气流股对熔池的冲击力是由氧气流股的动压来决定的，动压的大小与氧气穿透钢液的深度有关。合理冲击深度，对熔池的搅拌均匀，提高炼钢效率有利，因此在实验室测量喷管的动压衰减曲线，为现场提供有利于枪位操作的数据是很必要的。表 3－11 及图 3－25 所示为测量总压和静压后计算得出的聚合射流与传统射流冲击力（动压）的分布及比较。

表 3-11 聚合射流和传统射流冲击力（动压）分布 (N)

距出口距离/cm	聚合射流	传统射流
0	18.91	18.91
10	18.52	15.19
20	18.13	11.56
30	17.84	8.92
40	17.54	5.29
50	16.95	4.41
60	16.46	3.43
70	15.39	3.14
80	14.70	2.74
90	14.11	2.45
100	13.23	2.16
110	12.35	
120	11.56	
130	10.29	
140	9.21	
150	7.94	
160	6.76	
170	5.39	
180	4.12	
190	2.94	

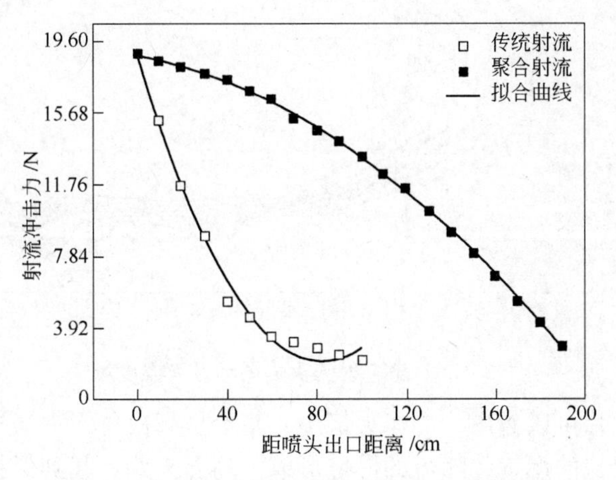

图 3-25 聚合射流与传统射流冲击力的比较

由表 3 - 11 可以看出，由于聚合射流在较长的距离内能保持较大的冲击力，在距出口 40cm（约 $20D_e$）处聚合射流的冲击力（动压）约为传统射流的 3.5 倍。由于穿透力的增强，聚合射流喷射出的氧气在钢水中形成一些弥散的小气泡，而不像传统射流那样在钢水表面吹出较大凹坑。这一特点明显地提高了脱碳反应的速度，提高了氧气的利用率。由图 3 - 25 可以看出，在同样的冲击力的条件下，聚合射流氧枪枪位较传统氧枪有很大的提高，加之喷溅的减少，聚合射流氧枪的寿命较传统氧枪将会有很大的提高。

3.5.3 聚合射流温度场

用 CCD 数码相机对火焰进行拍摄得到聚合射流照片，依据测温原理利用 Visual C + + 6.0 在 Matlab 软件中对火焰图像进行分析可得出射流的温度分布，分析后所得的火焰温度场如图 3 - 26 所示。

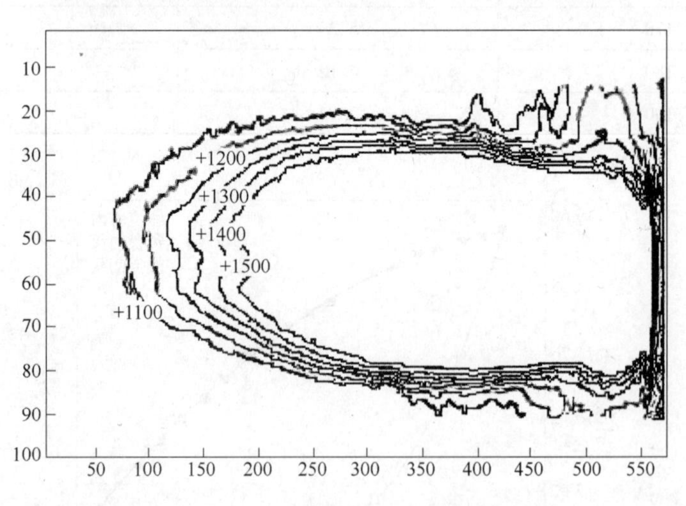

图 3 - 26 聚合射流火焰图形及其温度场

从火焰的照片可以看出，射流火焰中心基本呈亮白色，火焰外缘有淡淡的紫色。由于聚合射流的燃气伴随流的燃烧形成了高温火焰，起到保护作用，使主射流周围的气体温度升高密度降低，使射流卷吸气体量大大地减少，从而保持了较长的高温区域和超声速区域。较长的高温区域在炼钢初期起到熔融废钢的作用，后期在消除炉内冷区进而节省电耗方面成效显著；较长的超声速区域可使冲击力和搅拌力增强，有利于钢水脱碳，枪位也可有所提高，从而延长氧枪使用寿命。由于燃气孔均匀分布在主射流喷口的周围，所以温度场呈现比较规则的层状分布，火焰中心温度比周边的温度要高，最高温度可达1600℃。

3.6 结论

通过对传统超声速射流氧枪射流流场特性的测试实验研究得出以下结论：

（1）对于单股射流，射流的出口距离在20~25倍时射流轴线上的速度衰减比较快，对熔池作用处于不稳定状态。而出口距离在25~40倍之间轴线上的速度衰减处于平缓，通常认为是氧枪枪位的最佳工艺操作曲线段。

（2）对于多股射流，射流中心线相对于喷孔的几何轴线的偏移，主要取决于喷管的几何轴线之间的夹角，以及相邻两流股之间的距离；两流股之间的距离越近，使得诸股射流彼此混合干扰严重，因而导致了射流流股轴线的偏斜量较大；夹角越大，诸股射流彼此相距较远，在射流出口后相同的距离处，彼此混合干扰影响较小，因此流股轴线的偏斜相应的就小。

（3）对于多股射流，氧枪轴线上的速度衰减基本上呈抛物线的形式；射流刚流出喷口时，各射流互不相交，喷头轴线上的速度为零。在气流还没有卷吸前，氧枪轴线中心线上的速度是比较小的。随着射流的不断前进，流股之间的卷吸能力增强，导致喷头中心线上的速度不断增加，逐步达到最大值。再向前推进由于射流本身速度下降，虽然流股间的相互卷吸作用加强，但喷头轴线上的速度仍然呈下降趋势。

（4）对于冲击面积，在一定的压力下，操作枪位对射流冲击面积有如下影响：1）在一定的枪位下，随着冲击速度增加，冲击面积减少。2）当冲击速度一定时，$u<80$m/s时，冲击面积随枪位增加而增加；$80\leqslant u<200$m/s时，冲击面积随枪位的变化大致呈抛物线状，并在某处（H_{opt}）达到最大值，另外，H_{opt}值也随冲击速度而变化；$u>200$m/s，枪位增加，冲击面积下降。

通过对聚合射流氧枪射流流场特性的冷态及热态测试实验研究得出以下结论：

（1）冷态实验表明，加副孔氦气低密度伴随后，随着副孔氦气压力的增加，其有效伴随距离在加长，中心射流的轴向衰减变得缓慢，获得了比无伴随流情况下更长的超声速区域。

（2）热态实验将两个副孔分别通入丙烷和氧气而产生环状高温低密度介质包裹在主射流周围，通过调节丙烷和氧气流量可改变伴随火焰长度，而使主射流超声速区域长度根据生产实际而发生变化，进而用以满足不同冶炼工艺要求。

（3）传统射流在距喷孔约 20D_e 时已经完全处于亚声速状态，而聚合射流在 60D_e 时才处于亚声速状态，即聚合射流超声速区域是传统射流超声速区域的 3 倍左右，因而在使用聚合氧枪喷头时可适当提高枪位，从而延长喷头使用寿命。

（4）聚合射流径向速度受到周围燃气流的保护，在距喷头端面 40D_e 处时仍然比较集中，而传统射流在距出口 20D_e 处时就已经发散了。因此聚合射流径向速度的衰减较传统射流要慢得多，能在较长的距离内保持着出口直径。

（5）高温低密度伴随流的存在减小了射流的径向扩散，使得射流在同样的出口距离内，比传统超声速射流具有对熔池更大的冲击力和保持相对聚合的状态；聚合射流在 180cm 处的冲击力与传统射流在 50cm 处相等。在距出口 40cm（约 20D_e）处聚合射流的冲击力约为传统射流的 3.5 倍。

（6）分析热态实验状态下的聚合射流照片可知，主射流受到高温燃气包围使得周围气体温度升高密度降低，从而卷吸减小，保证了较长的高温区域，火焰中心温度高于周边温度，中心出口温度高达 1600℃。

参考文献

[1] 吕国成．超声速聚合射流氧枪射流特性的基础研究［D］．鞍山：辽宁科技大学，2009.

[2] Shapiro A H. The Dynamics and Thermodynamics of Compressible Fluid Flow［M］. New York：Ronald Press，1953.

[3] 杨春．聚合射流氧枪射流特性的数值模拟［D］．鞍山：辽宁科技大学，2008.

4 聚合射流氧枪射流行为模拟研究

对聚合射流氧枪射流行为的实验模拟研究，应用数值模拟的研究方法，建立了控制方程，对标准的 $k-\varepsilon$ 双方程模型进行了修正，由实验测试结果证实了数值模拟所选模型的适用性，并运用商业软件 FLUENT 模拟了带有副孔氮气低密度伴随情况下的聚合射流流场，模拟分析了不同结构参数与工艺参数下聚合射流流场的流动特征。

4.1 数学模型的建立

4.1.1 控制方程

4.1.1.1 连续方程

连续性方程体现了流体的质量守恒定律，可以表示为：

$$\frac{\partial \rho}{\partial t} + \nabla \cdot (\rho u) = 0 \tag{4-1}$$

4.1.1.2 动量方程

流体的动量守恒方程：

$$\frac{\partial}{\partial t}\rho u + \nabla \cdot (\rho u \times u) - \nabla \cdot (\mu_{\mathrm{eff}} \nabla u) = -\nabla p + \nabla \cdot [\mu_{\mathrm{eff}}(\nabla u)] + B \tag{4-2}$$

式中 ρ——平均流体密度，$\mathrm{kg/m^3}$；

u——速度，m/s；

μ_{eff}——有效黏度，Pa · s；

B——体积力，$\mathrm{N/m^3}$。

其中

$$\mu_{\mathrm{eff}} = \mu + \mu_{\mathrm{T}}, \mu_{\mathrm{T}} = c_{\mu}\rho \frac{k^2}{\varepsilon} \tag{4-3}$$

4.1.1.3 能量方程

充分可压缩流的能量方程：

$$\frac{\partial}{\partial t}\rho H + \nabla \cdot \rho u H - \nabla \cdot \lambda \nabla T = \frac{\partial p}{\partial t} \tag{4-4}$$

式中 λ ——导热系数，W/(m·K)；

T ——温度，K；

H——总焓，J。

其中

$$H = h + \frac{1}{2}u^2 \tag{4-5}$$

4.1.1.4 气体状态方程

$$p = \rho RT \tag{4-6}$$

式中 R——气体常数。

4.1.2 湍流模型

描述喷管内气体的流动特征，本实验采用两种方案来进行，即一种采用无黏流体的欧拉运动方程用于描述管内等熵流动；另一种是考虑到出口后的湍流射流情况采用 $k-\varepsilon$ 双方程湍流模型[1]。

湍流动能方程 k：

$$\frac{\partial}{\partial t}(\rho k) + \frac{\partial}{\partial x_i}(\rho k u_i) = \frac{\partial}{\partial x_j}(\mu + \frac{\mu_t}{\sigma_k}) + G_k + G_b - \rho\varepsilon - Y_M + S_k \tag{4-7}$$

湍流扩散方程 ε：

$$\frac{\partial}{\partial t}(\rho\varepsilon) + \frac{\partial}{\partial x_i}(\rho\varepsilon u_i) = \frac{\partial}{\partial x_j}[(\mu + \frac{\mu_t}{\sigma_\varepsilon})\frac{\partial\varepsilon}{\partial x_i}] + C_1\frac{\varepsilon}{k}(G_k + C_3 G_b) - C_{2\rho}\frac{\varepsilon^2}{k} + S_\varepsilon \tag{4-8}$$

式中 G_k——由层流速度梯度而产生的湍流动能，J；

G_b——由浮力产生的湍流动能，J；

Y_M——由于在可压缩湍流中，过度的扩散产生的波动，J；

σ_k，σ_ε —— k 方程和 ε 方程的湍流 Prandtl 数。

模型的相关参数见表4-1。

表4-1 湍流模型中相关参数

C_μ	C_1	C_2	σ_k	σ_ε
0.09	1.44	1.92	1.0	1.3

针对本实验研究的传统超声速射流流场数值模拟属于轴对称湍流射流问题，采用先以层流模型开始，再过渡到标准 $k-\varepsilon$ 双方程模型，在流动格式上先以一阶迎风再以混合格式结束的方法。其模拟结果与以往物理模拟研究结果对比表明，所采取的数学模型和流动格式在描述射流核心区长度及射流轴中心线速度衰减规律方面比较适用，只是模型对于预测射流的上游超声速区域流动情况不能与

实验研究很好的吻合。针对本实验研究的具有低密度伴随的聚合射流流场数值模拟属于平面湍流射流问题，本实验对标准 $k-\varepsilon$ 双方程模型、RNG 和 Realizable 形式分别进行了模拟。经过大量的数据对比，对标准 $k-\varepsilon$ 双方程模型进行了适当的修正，取 $C_1=1.22, C_2=1.99$，使得模拟结果能够更好地预测射流的流动状况，与前人的实验结果较接近。

4.1.3 组分传输模型

本实验所做研究涉及到了低密度伴随的多组分传输问题，因此选用了组分传输的方程进行模拟计算。

当选择组分传输的守恒方程时，通过第 i 种物质的对流扩散方程预估每种物质的质量分数 Y_i，守恒方程采用以下的通用形式：

$$\frac{\partial}{\partial t}(\rho Y_i)+\nabla\cdot(\rho \boldsymbol{v} Y_i)=-\nabla \boldsymbol{J}_i+R_i+S_i \tag{4-9}$$

式中 R_i ——化学反应的净产生速率，本实验只有组分传输而不涉及化学反应，因此该相为 0kg/(m^3 · s)；

S_i ——离散相及用户定义的源项导致的额外产生速率，kg/(m^3 · s)。

在系统中出现 N 种物质时，需要解 $N-1$ 个这种形式的方程。由于质量分数的和必须为 1，第 N 种物质的分数通过减去 $N-1$ 个已解得的质量分数得到。为了使数值误差最小，第 N 种物质必须选择质量分数最大的物质。

4.2 计算条件

4.2.1 计算所涉及的边界条件

数值模拟过程中将流动问题做以简化，射流射入同介质的静止的无限大空间中，并采用二维、稳态耦合式求解，这种简化对于整个过程的研究以及射流品质和特性的分析没有任何影响。

假定流动满足如下条件：

(1) 流场的湍流雷诺数 $Re_t \gg 1$，气体分子黏性应力的影响与湍流的黏性应力相比可以忽略不计；

(2) 气体是完全可压缩流体。

所用商业软件中提供的四大类边界条件：进、出口边界，壁面、轴对称边界，内部单元区域和内部表面边界。用户根据需要可以自由选择其中任何类型的边界条件来初始化模型。

4.2.1.1 入口边界条件

对于一般的稳定可压缩流动，入口条件多给定流量或速度，但对于完全可压缩流动，由于流体的密度不是恒定的，连续方程中存在 $d\rho/dt$ 项，质量边界条件不能满足每一个步长内的进出流量相等，因此本实验使用压力入口边界条件。

从传统超声速射流及有伴随流的聚合射流两种情况对射流的行为特性进行分析，在不考虑伴随流时，射流的流动过程属于可压缩湍流流动，根据氧枪在转炉炼钢中的实际操作情况，即炉膛内基本保持 103.35kPa（1.02 个大气压），总氧压力在一定范围内波动，故模拟主孔氧气入口边界条件取为一定滞止温度、不同滞止压力的情况是比较合适的。考虑有伴随流的情况时，根据软件自身的特点以及压力、速度相耦合的特性，氦气仍然采用压力入口边界条件，并给定伴随流的温度条件。

A　工作压力的确定

由第 2 章空气动力学理论计算可知，在理论上氧枪正常工作时的滞止压力为设计工况压力 7.96×10^5Pa，但在实际操作过程中，根据需要工作压力常常偏离设计压力。而且由于喷管的几何尺寸、壁面光滑程度及外界环境等各种各样的因素，将会影响射流的流动状态，使射流处于非工况状态。

因此，本实验在保证管内不产生激波，而且出口射流为超声速的条件下，在设计压力附近适当改变滞止压力，并用非工况程度 n（主孔入口压力/主孔设计压力）作为衡量标准，分析不同 n 值下的氧气射流的特性。有关滞止压力的选取依据详见第 2 章空气动力学的基础理论。同时改变环境温度，分析其对射流特性的影响。

B　副孔入口压力的确定

讨论主孔外加环状副孔情况下的射流流动特性，副孔通低密度的氦气，属于低密度同向伴随流的流动情况，用于模拟由主孔氧气射流外加环状火焰而产生的具有高温低密度燃烧产物伴随的聚合射流情况。

氦气通过副孔的流动仍然满足第 2 章中理想流体定常等熵流动方程（2－9）、方程（2－10）、方程（2－11）。流体经过拉瓦尔管能够产生亚声速、超声速等不同的流动状态，但在直管道中流动，流体的速度最大只能达到声速，根据理想气体定常等熵流动方程（2－9），当氦气在出口处刚好达到声速时，即 $Ma=1$ 时，$p_0=2.12\times10^5$Pa，此时若入口压力再增加，则在出口后剩余的压力将继续膨胀，压力能被转变为动能，氦气流的速度在出口后可达到超声速。使得整个流场中湍流度太大，模拟过程难以控制，模拟结果不具有真实可靠性。因此，本实验不考虑氦气压力超过临界值的状况，仅在临界值范围内取不同的压力（0.12MPa、0.16 MPa、0.20 MPa）来探讨伴随流压力对中心孔射流的流动特性的影响。

4.2.1.2 出口边界条件

氧枪喷头拉瓦尔管出口，连接无限大空间，转炉炼钢实际操作时，射流处在炉膛的环境中，而炉膛内气体的状态相对较复杂，只能测得其压力约为103.35kPa（1.02个大气压）。因此，无限大空间的环境压力就采用这个压力边界条件，可使模拟结果具有普遍的推广性。并根据实际炼钢过程模拟不同环境温度对氧气射流特性的影响，通常将环境压力和环境温度作为出口边界条件。

4.2.1.3 对称面边界条件

当所求解的问题在物理上存在对称性时应用对称面边界条件，这样可避免求解整个计算区域，使得求解规模缩减到一半。本章模型属于这种情况。

在对称边界上，垂直边界的速度梯度取为零，其他物理量在该边界内外是相等的，即

$$\Phi_{1,\mathrm{J}} = \Phi_{2,\mathrm{J}} \tag{4-10}$$

4.2.1.4 壁面条件

本节模型的计算区域中涉及管内流动，因此要相应考虑到壁面上的边界条件。

壁面速度边界条件可由下式得到：

$$A_i U_i + B\tau_i = C_i \quad (i = 1,2,3,\cdots) \tag{4-11}$$

式中 τ_i——$\tau_i = \left(\mu \dfrac{\partial U_i}{\partial y}\right)_{\mathrm{w}}$，为壁面所受的剪切力。

如果忽略它，则壁面为无滑移条件，即 $A_i = 1, B_i = 0$，$C_i = 0$，本实验所做研究属这种情况；

如果 $B_i = 0$ 而 $C_i \neq 0$，则属于移动壁情况；

如果 $A_i = 0$，则是指定壁面边界上的剪应力。壁面附近流速分布采用对数分布规律。

4.2.2 空间结构模化及数值模拟方案的制订

通过第2章对空气动力学及射流流动特性的理论分析，以及考虑到转炉炼钢氧枪的实际工作情况，本实验从主孔氧气射流的滞止压力变化、副孔氦气伴随流的入口压力变化以及环境温度的变化等几方面出发进行数值模拟计算，分析拉瓦尔喷管内流动特征、传统无伴随流时氧气射流流场的特征，以及采用氦气伴随时的氧气射流流动特征。具体的模型空间结构模化与模拟方案制订如下：

4.2.2.1　拉瓦尔喷管的模型空间结构模化与模拟方案

炼钢过程所用的氧枪其射流是由拉瓦尔喷管产生的超声速的湍流射流，鉴于分析射流的特性为主要目的，省略氧枪本身的复杂结构，而把所研究的对象简化为简单的拉瓦尔喷管。以单孔氧枪喷头为物理模型，依据转炉炼钢的实际工况，得到喷头的中心拉瓦尔管部分的结构。

本实验采用的喷管模型的结构参数是喉口直径为17mm，入、出口直径为22mm，收缩段长度为20mm，喉道长度4mm，扩张段长度30mm。进口段有10mm的圆柱段。基本结构尺寸如图4－1所示。

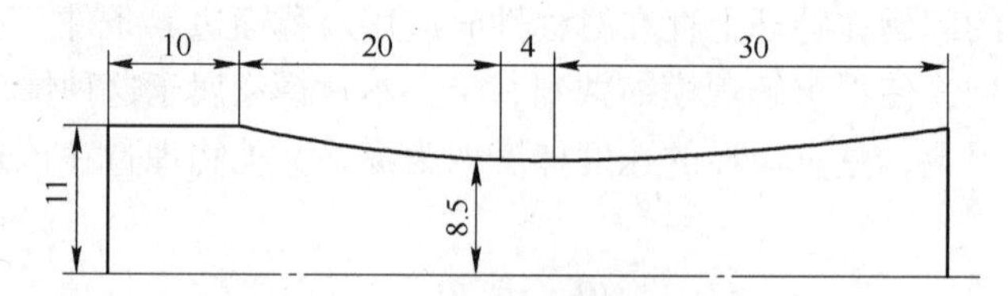

图4－1　拉瓦尔管段的几何结构尺寸

为研究不同的滞止压力对拉瓦尔喷管内流动的影响，保持外界环境温度为300K的情况下，选取了不同的入口压力来进行模拟。由第2章空气动力学理论计算得出了三个划界压力，即p_{01}、p_{02}、p_{03}。为研究问题的全面性，我们在模拟的过程中选取了5个压力值，即令$p_0 = (1.1, 1.26, 6.96, 7.96, 9.96) \times 10^5$ Pa。制订出如下的分析方案：

（1）分析各工况下，压力场、速度场以及马赫数的分布规律；

（2）分析不同压力下喷管轴线上的压力和马赫数的变化规律；

（3）在工况下(即$p_0 = 7.96 \times 10^5$ Pa)，采取不同的数学模型对模拟结果的影响。

4.2.2.2　传统超声速射流模型空间结构模化与模拟方案

将拉瓦尔喷管出口射流处理成自由湍流射流，喷管外接无限大空间（相对于拉瓦尔管是足够大的)，为射流的发展提供足够的空间。以三维轴对称的空间结构模拟传统超声速射流氧枪；由于整个模型完全是轴对称的，所以只做一半的模型，这样在几何模型的绘制以及计算的过程中大大减少了工作量，同时并不会影响所研究物理现象的真实性。传统超声速射流湍流流场的几何建模与网格划分示意图如图4－2所示。

制订的模拟方案如下：

（1）湍流模型选择对模拟结果准确性的影响；

（2）保持环境温度为300K不变，分析不同滞止压力条件下射流流场的行为特征；

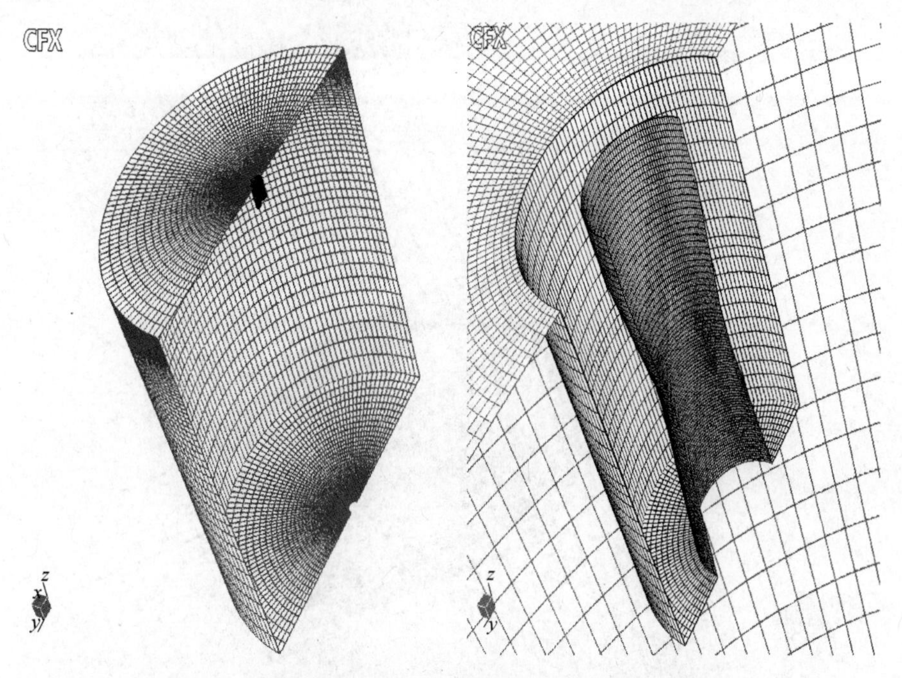

图 4-2 传统超声速射流湍流流场的几何建模与网格划分

(3) 保持滞止压力不变，分析不同环境温度条件下射流流场的行为特征。

4.2.2.3 聚合射流空间结构模化与模拟方案

为了方便计算，将三维模型处理成二维平面对称的空间结构，在拉瓦尔喷管外加了伴随流入口，并将实际的均匀分布的孔状伴随流管道采用等效面积法等效为环状，模拟聚合射流氧枪。由于整个模型完全是对称的，所以只做一半的模型，这样在几何模型的绘制以及计算的过程中大大减少了工作量，同时并不会影响所研究物理现象的真实性。聚合射流湍流流场的几何建模与聚合射流湍流流场的网格划分示意图分别如图 4-3 和图 4-4 所示。

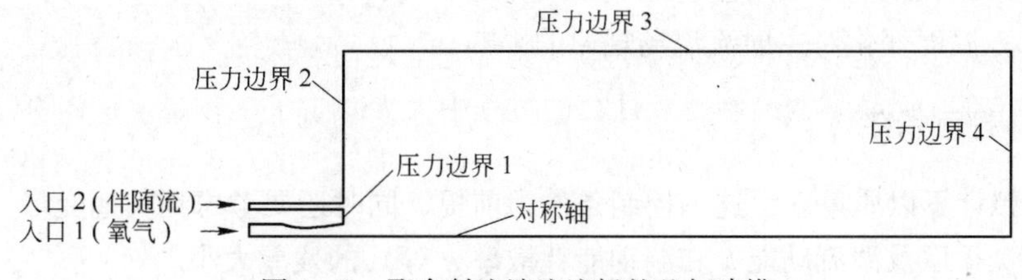

图 4-3 聚合射流湍流流场的几何建模

在划分网格时，一般都选取适当的网格间距，初步计算后在相应的物理量梯度过大的区域进行局部加密网格。本实验所建立的氧枪射流模型是三维问题，从

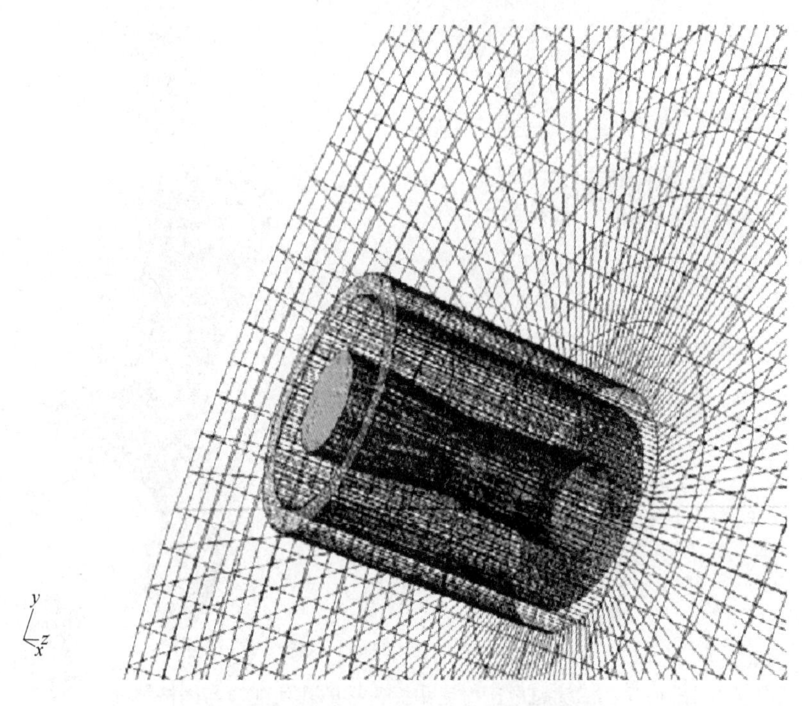

图4－4 聚合射流湍流流场的网格划分

结构上来说相对不太复杂，因此在网格划分上是采用六面体结构网格，考虑到拉瓦尔喷管的内部结构和边界层的流动特点，壁面处的网格划分的细密些。而且，在射流的出口附近由于速度梯度较大，而且较集中，所以网格划分应细密些。考虑到射流的流动特点，无限大空间的网格沿射流的轴向及径向采用渐变处理，先密后疏。这样计算速度大有提高，减少计算机内存的占有量，节省了大量的时间，而且能够保证模拟计算结果的真实可靠性[2]。

制订的模拟方案如下：

（1）副孔结构参数对主射流轴线上速度衰减规律的影响；

（2）副孔工艺参数对主射流流场规律的影响；

（3）温度变化对主射流流场规律的影响。

4.2.3 控制条件

模拟计算以质量守恒这一控制条件为前提，同时还要考虑到其他变量（如速度 u、v、w 以及湍流动能 k 和湍动能耗散率 ε 等）的残差大小。

计算效率则可通过调整松弛因子来实现。一般地，对传输方程的欠松弛算法就是用一个 0～1 之间的欠松弛因子值来产生一个很强的对角线占优矩阵，以等量的工作得到更准确的方程解。不同问题松弛因子值不同，松弛因子大则数值更新幅度变大，计算速度就会加快；但松弛因子过大会使计算产生振荡，多数情况下难以得到收敛解。因此，计算要兼顾运算速度和收敛性，使两者之间有一个很好的配合，以得到满足需要的模拟结果。

4.3 氧枪喷头拉瓦尔喷管内流动行为的数值模拟

为了获得超声速气流，氧枪喷头的喷孔要采用拉瓦尔喷管，运用商业软件模拟了拉瓦尔喷管在不同工况下的流场特征，并进行数据分析和处理，主要分析了不同的滞止压力 p_0 的改变对喷管内部流动状况的影响以及产生激波与膨胀波的情况，数值模拟结果与理论计算结果基本一致，表明喷管内气体流场特性的数值模拟在实际工程应用中是可行的，为喷管的优化设计提供了有效的技术途径。

4.3.1 不同滞止压力下的管内流动特征

4.3.1.1 喷管内为亚声速的流动特征（$p_0 = 1.1 \times 10^5$ Pa）

图 4 - 5 所示为当滞止压力为 1.1×10^5Pa 时喷管内的压力及马赫数的分布规律。观察发现，在喷管的喉口部分马赫数达到最大为 0.4 左右，而压力降到最小。说明在整个喷管内部的流动为亚声速流动。在扩张段压力随着截面积的增大而增大，在出口处压力达到外界压力（背压）。

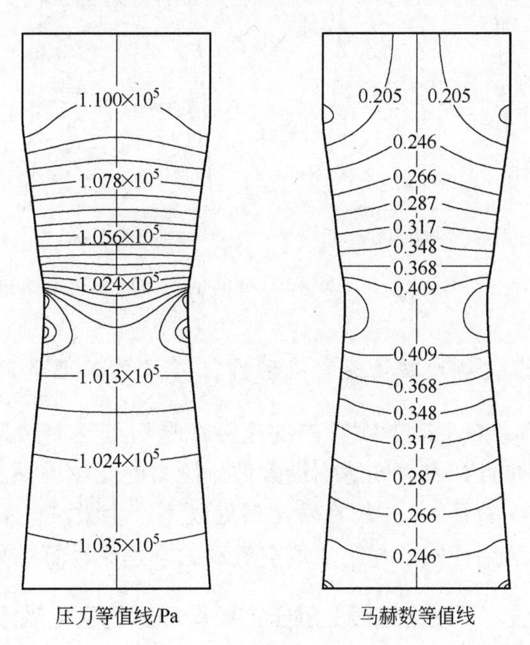

图 4 - 5 滞止压力为 $p_0 = 1.1 \times 10^5$Pa 时喷管内的压力场及马赫数的分布情况

4.3.1.2 喷管内部产生激波的流动特征（$p_0 = 1.26 \times 10^5$Pa）

从图4-6中明显地看出在扩张段内压力和速度存在一个突跃面，在喉口部分速度达到了声速。超声速在扩张段内，随着管道截面积的增大，速度继续增大，但在扩张段中出现非等熵流动，在某一截面上产生了正激波。超声速气流经过此正激波以后成为亚声速气流，速度马上变为亚声速，随着管道截面积的增大，速度继续减小。压力的变化趋势与速度正好相反，经激波后，突跃地上升一个数值，并随着管道截面积的增大，压力继续增大。直到出口处压力上升到与出口压力相等。激波的位置与滞止压力有关，随着 p_0 的增加，激波逐渐移向出口。p_0 再增加，激波移出管口成为拱形激波或斜激波。整个扩张段内为超声速流。

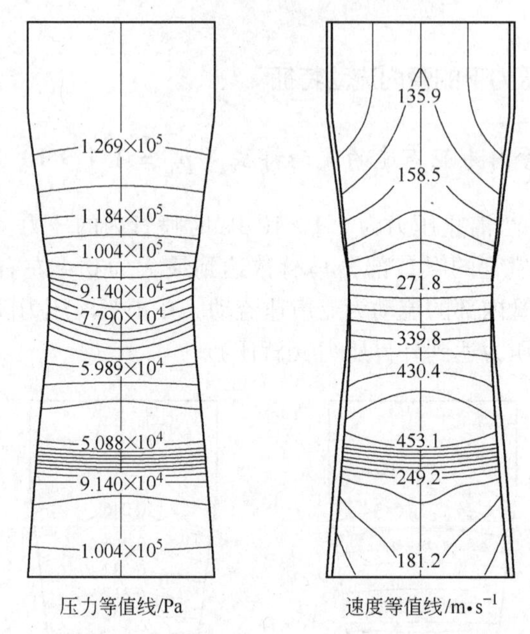

图4-6 滞止压力为 $p_0 = 1.26 \times 10^5$Pa 时的压力场和速度场的分布情况

4.3.1.3 喷管内部为超声速的流动特征（设计工况下）

由图4-7所示，在工况下喷管内的速度在喉口处达到声速，在整个扩张段均为超声速流动，并且在出口处达到最大值。压力的变化逐渐递减，在出口时十分接近于外部压力（背压），这样在管出口处既不产生激波又不会产生膨胀波。

以上数值模拟结果证实了与第2章空气动力学理论计算结果完全一致。

4.3.2 不同滞止压力下喷管轴线上的压力和马赫数的变化规律

为了能更好地说明滞止压力的变化对拉瓦尔喷管内流动规律的影响，下面对

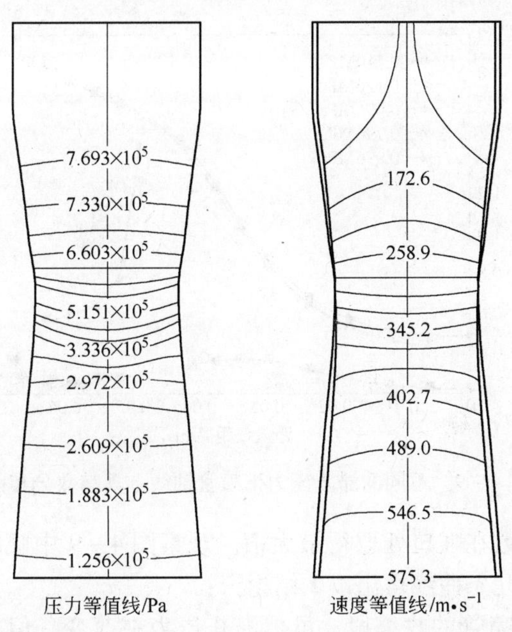

图 4-7 滞止压力为 $p_0 = 7.96 \times 10^5$ Pa 时的压力场和速度场的分布情况

以上不同流动工况进行对比分析，如图 4-8 和图 4-9 所示。

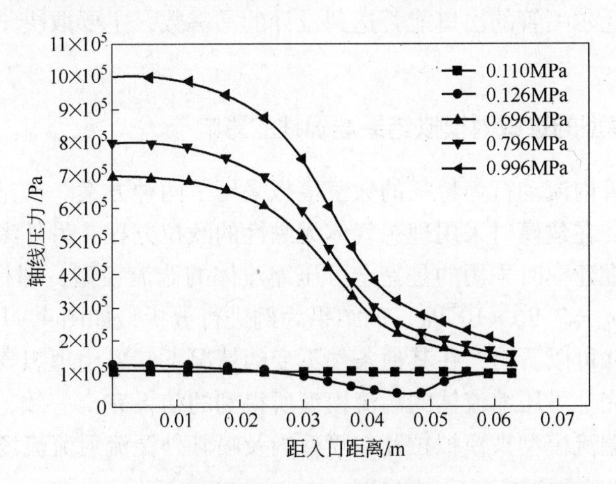

图 4-8 不同的滞止压力下喷管轴线上压力分布图

从图 4-8 看出，喷管内除了产生激波的压力 0.126MPa 外，压力均在减小，达到出口时趋于等于外界压力。但滞止压力为 0.996MPa 时，出口压力大于环境压力。这与前面得到的理论计算结果相一致，说明这时将在管外产生膨胀波，但管内流动状态不再改变，只是喷管出口后压力需不断降低，速度还要进一步加速。

从喷管轴线上马赫数分布图看出，滞止压力为 0.11MPa 时，管内为完全的

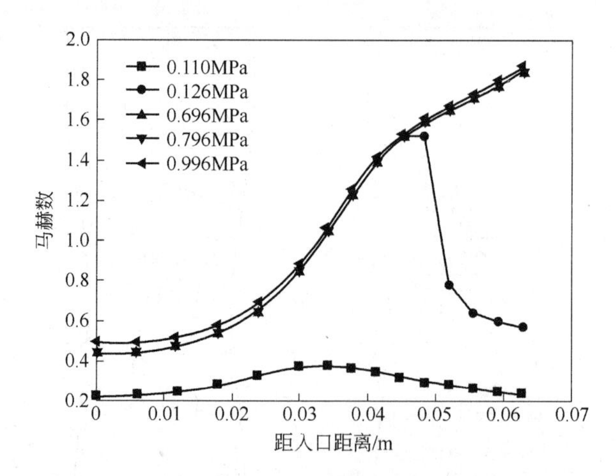

图 4－9 不同的滞止压力下喷管轴线上马赫数分布图

亚声速流动，马赫数在喉口处取得最大值。观察图 4－9 中喷管出口处流动状态均为超声速流动的几条曲线得出以下结论[3]：

（1）在拉瓦尔喷管的收缩段，虽然滞止压力在改变，但马赫数的变化规律一致并且喉口处的数值为 1；

（2）除了在扩张段产生激波的情况外，其他工况下的马赫数值变化不大，这说明了在拉瓦尔喷管的出口能否达到设计的马赫数，主要取决于喷管的几何结构尺寸。

4.3.3 数学模型的选取对模拟结果准确性的影响

拉瓦尔喷管内流动行为特征的数值模拟采用了两种方案。一是只考虑喷管内部的等熵流动，在建模时采用理想气体无黏性的欧拉方程；另外考虑到喷管外部的射流情况，在建模时采用的是完全可压缩流体的湍流模型，即标准的 $k-\varepsilon$ 方程。以工况下（$p_0=7.96\times10^5$Pa）的结果为例进行分析，如图 4－10 所示。

从图 4－10 可以看出，在其他条件不变的情况下，采用理想气体无黏性的欧拉方程和采用完全可压缩流体的湍流模型所得到的结果完全一致，所以可以采用可压缩流体的湍流模型来模拟拉瓦尔喷管内及喷管外湍流射流流场的流动规律。

4.4 传统超声速氧枪射流流场特征的数值模拟

由上节可知，在其他条件不变的情况下，采用理想气体无黏性的欧拉方程和采用完全可压缩流体的湍流模型来模拟拉瓦尔喷管内的流动规律，数值模拟结果与理论计算的结果基本一致，且两种模型所得到的结果完全一致，验证了完全可压缩流体的湍流模型完全适用于模拟拉瓦尔喷管内的流动问题。表明喷管内气体流场特性的数值模拟在实际工程应用中是可行的，为喷管外完全可压缩流体的湍

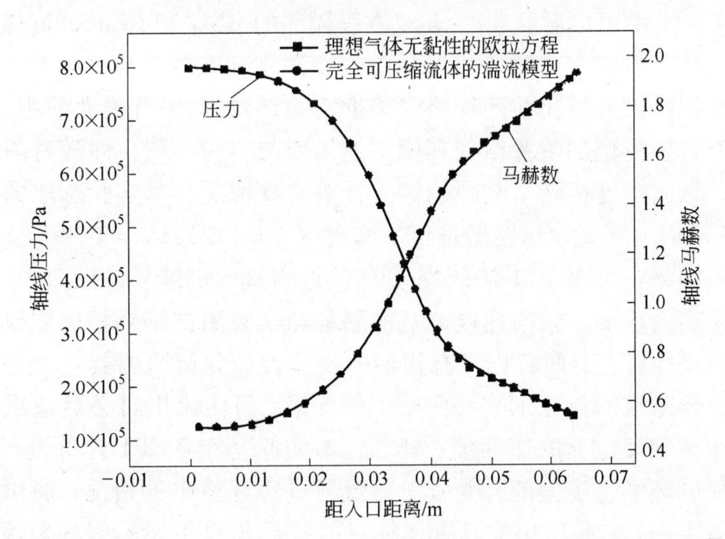

图 4－10 工况下（p_0 ＝7.96 × 10^5 Pa）两种模拟条件压力和马赫数的分布比较

流射流模拟计算提供了有效的技术途径。

本节针对在不同的驱动压力和不同的环境温度条件下，分析研究传统超声速氧枪射流流场的速度分布，从而得出超声速区长度以及射流径向扩展等方面的变化规律，为进一步优化设计氧枪及设计、制作氧枪提供理论依据。

4.4.1 湍流模型选择对模拟结果准确性的影响

数值模拟采用的几何模型为图 3－13，与物理检测实验的相同。图 4－11 所示为选用 $k-\varepsilon$ 双方程模型不同格式的模拟结果与实验结果的比较。受本实验测试系统的限制，只能测试到距离出口 $20D_e$ 以后的结果。因此，本节选取 $20D_e$ ~ $45D_e$ 的距离进行比较。

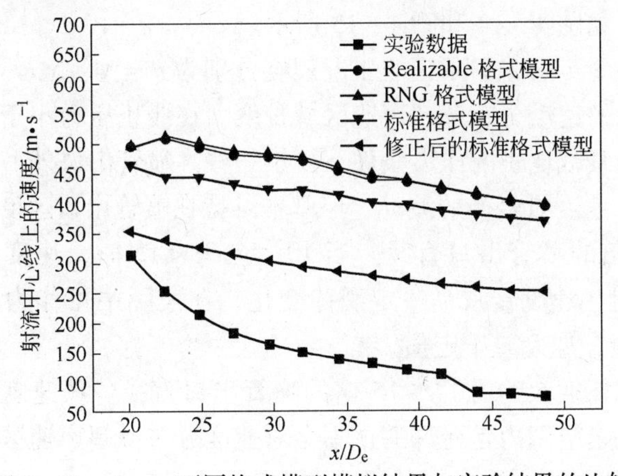

图 4－11 $k-\varepsilon$ 不同格式模型模拟结果与实验结果的比较

从图4－11中可以看到，$k-\varepsilon$双方程模型的RNG和Realizable格式的模拟结果基本一致，但与实验结果相差悬殊，而采用标准的（Standard）$k-\varepsilon$双方程模型其模拟结果虽然比前两种格式接近实验结果，但仍有很大差距。从趋势来看，$k-\varepsilon$双方程模型的三种格式其模拟结果均与实验一致，即随着射流沿程距离的增加，轴向速度逐渐呈衰减趋势。针对这种情况，本实验选取的模型对标准（Standard）$k-\varepsilon$双方程模型进行了修正（$C_1=1.22, C_2=1.99$）。修正后的模型其模拟结果在距离出口$20D_e$处更加接近实验测试结果，而$20D_e$以后随着射流沿程距离的增加，轴向速度衰减的趋势与实验测试结果相比明显减缓，两者吻合得不是很好，但两者仍具有相似的规律性。分析原因其一，是由于实验所用的具有伴随流的拉瓦尔喷头内壁不够光滑，射流流出时必然造成一定的能量损失而达不到理论上的速度值；其二，本实验是在冬季1月份进行的，射流所射入的周围环境温度偏低，类似于射流射进冷环境中的情况，加快了射流的沿程衰减；其三，实验所用的具有伴随流的拉瓦尔喷头属轴对称射流，而数值模拟所采用的是平面射流，在理论上轴对称射流在轴线上速度的衰减要更快些[4]。

4.4.2 滞止压力对射流流场特征的影响

在保持环境温度为300K时，分析研究滞止压力小于以及大于设计工况压力0.796 MPa时，射流中心线上流场的特征。为使研究结果更具普遍性，本节采用非工况程度来表示即实际滞止压力与设计工况压力之比，用n来表示[5]。

4.4.2.1 当滞止压力小于设计工况压力时，射流中心线上流场的特征

当非工况程度分别为$n=0.75$、$n=0.88$（即滞止压力分别为0.596MPa、0.696MPa）与设计工况三种条件下，分析比较射流中心线上速度及超声速段长度的变化规律，如图4－12和图4－13所示。

图4－12和图4－13显示出非工况程度分别为$n=0.75$、$n=0.88$、$n=1.00$时射流中心线上的速度分布及超声速区域长度。在滞止压力小于设计工况压力条件下，其速度的衰减比工况压力条件下要快一些。喷管出口外一定的距离（即射流核心区）内，速度有轻微的波动，但基本维持在喷管出口速度范围内。核心区长度大约为10倍的喷管出口直径。当$10<x/D_e<15$时，速度衰减比较快，当$15<x/D_e<35$时，速度衰减呈一定规律变化，在实际中可作为氧枪实际操作曲线。$x/D_e>35$时，速度趋于定值。

超声速区域长度大约为14～15倍的喷管出口直径。从速度场分布看出，低于设计压力在一定范围内是允许的，不会对速度分布及超声速区域长度造成过大的影响。

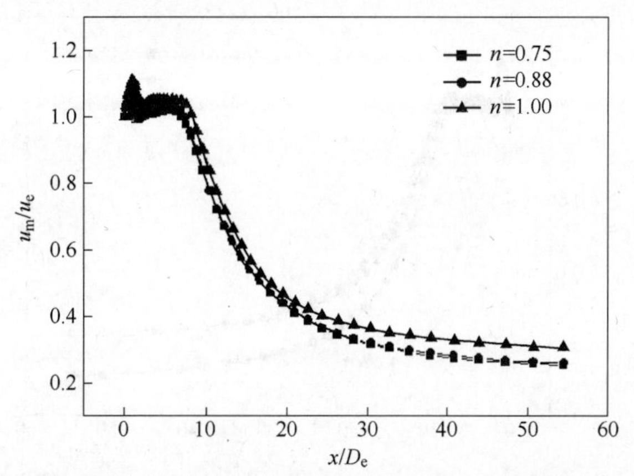

图4-12 非工况程度 $n=0.75$、$n=0.88$ 和 $n=1.00$ 时，射流中心线上的速度分布

u_m—射流中心线上的速度，m/s；u_e—喷管出口速度，m/s；

x—喷管与测点的距离，m；D_e—喷管出口直径，m

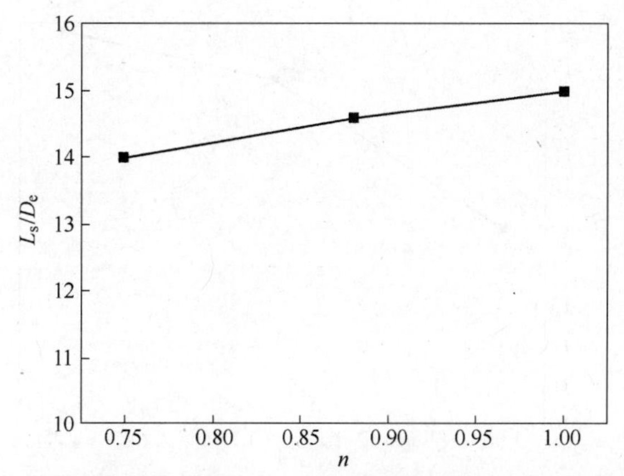

图4-13 在环境温度为300K时，超声速区域长度随驱动压力的变化规律

Ls—超声速区域长度，m

4.4.2.2 滞止压力大于设计工况压力时射流中心线上流场的特征

当非工况程度分别为 $n=1.13$、$n=1.25$（即滞止压力分别为 0.896MPa、0.996MPa）与设计工况三种条件下，分析比较射流中心线上速度及超声速段长度的变化规律，如图4-14和图4-15所示。

图4-14和图4-15显示出滞止压力分别为0.796MPa、0.896MPa及0.996MPa时，射流中心线上的速度分布及超声速区域长度。随着滞止压力的提高，超声速区域长度成比例的增高，大约为15~19倍的喷管出口直径。滞止压力大于设计工况压力条件下，其速度的衰减比工况压力条件下要慢得多。特别在 $x/D_e>20$ 时，速度要比工况条件下大得多。由于膨胀波的产生致使喷管出口外

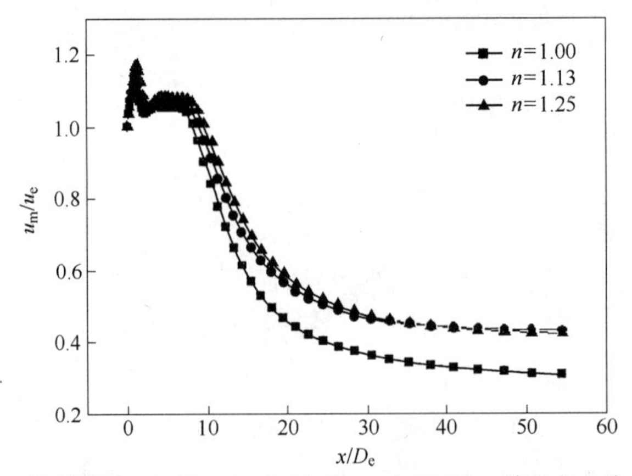

图4－14 非工况程度 $n=1.00$、$n=1.13$ 和 $n=1.25$ 时，射流中心线上的速度分布

u_m—射流中心线上的速度，m/s；u_e—喷管出口速度，m/s；

x—喷管与测点的距离，m；D_e—喷管出口直径，m

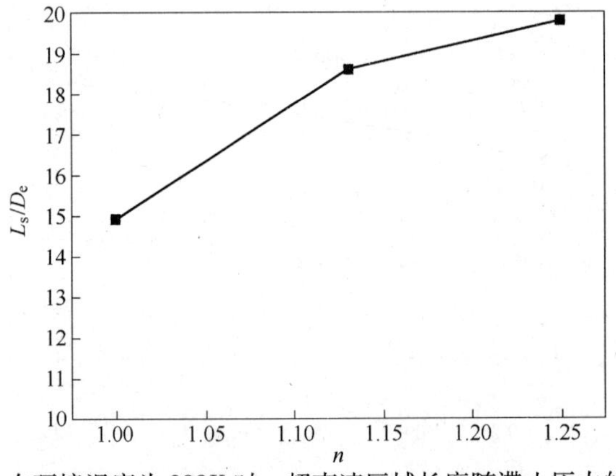

图4－15 在环境温度为300K时，超声速区域长度随滞止压力的变化规律

L_s—超声速区域长度，m

一定的距离（即射流核心区）内，速度有较大的波动，但最后还是回到喷管出口速度范围内。核心区长度大约为10倍的喷管出口直径。当 $10<x/D_e<15$ 时，速度衰减比较快；当 $15<x/D_e<30$ 时，速度衰减呈一定规律变化，在实际中可作为氧枪实际操作曲线；当 $x/D_e>30$ 时，速度趋于定值，且大于工况条件下的速度。

超声速区域长度随着滞止压力的提高成比例的增高，大约为15～19倍的喷管出口直径（图4－16）。从能量损失角度看，滞止压力的提高势必造成出口产生膨胀波，不能最大限度地将压力能转化成为动能。从速度场分布看出，高于设计压力在一定范围内仍能保持一定的速度衰减规律，且超声速区域长度有一定的增加，但在实际中可作为氧枪实际操作曲线的调解范围在缩小。实际中仍是可以允许的。

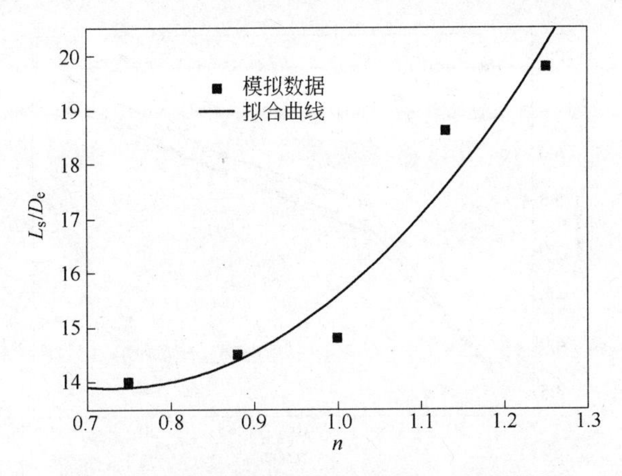

图 4-16 超声速区域长度和工况 n 之间的关系

4.4.2.3 超声速区域长度随 n 的变化规律

对以上 5 种情况下的数据点采用多项式拟合，得出下面的关系式：

$$\frac{L_s}{D_e} = 26.356 - 34.088n + 23.32n^2 \tag{4-12}$$

式中 n——实际滞止压力与设计工况压力之比。

4.4.2.4 滞止压力小于设计工况压力 0.796MPa 时射流径向扩展特征

图 4-17 表明保持环境温度为 300K，滞止压力小于设计工况压力 0.796MPa 情况下，不同的滞止压力，射流的径向横截面的扩展变化不大，基本趋势是一致的。随着测点距出口距离的增加，射流的径向横截面成比例增加。表明滞止压力小于设计工况压力情况下（0.596MPa、0.696MPa），射流的径向横截面面积将主要受轴向距离喷口距离的影响较大，而不同的滞止压力，射流的径向横截面的扩展变化不大。

4.4.2.5 滞止压力大于设计工况压力 0.796MPa 时射流径向扩展特征

图 4-18 可以看出同样保持环境温度为 300K，滞止压力大于设计工况压力的情况，与滞止压力小于设计工况压力的 0.796MPa 情况下射流径向扩展变化规律大体相同。

4.4.3 环境温度对射流流场特征的影响

4.4.3.1 环境温度对射流中心线上流场的影响

保持滞止压力为设计工况压力 0.796MPa 的情况下，环境温度分别为 300K、

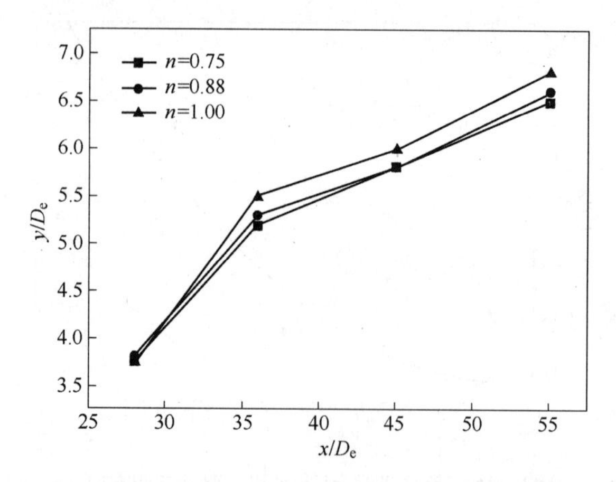

图4-17 在不同滞止压力条件下，射流径向扩展的变化

x—喷管与测点的距离，m；D_e—喷管出口直径，m；y—测点径向距离，m

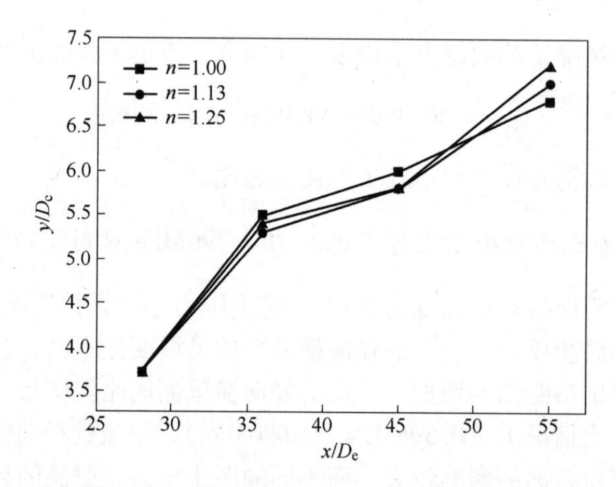

图4-18 在不同滞止压力条件下，射流径向扩展的变化

x—喷管与测点的距离，m；D_e—喷管出口直径，m；y—测点径向距离，m

800K 及 1273K 条件下射流中心线上流场的变化规律如图 4-19 所示。超声区域长度随外界温度的变化规律如图 4-20 所示。

图 4-19 和图 4-20 显示出，环境温度分别为 300K、800K 及 1273K 时，射流中心线上的速度分布。外界温度越高，速度衰减越慢，超声速区域长度越长。当环境温度为 1273K 时，喷管出口外一定的距离（即射流核心区）内，速度有较大的波动，核心区长度增加明显，为 15 倍的喷管出口直径。当 $15 < x/D_e < 45$ 时，速度衰减在更大的范围内呈现出规律性的变化。

实际转炉炉膛内炉温高达 1800K 左右，射流中心线上的速度衰减会更加缓慢，速度衰减会在更大的范围内呈现出规律性的变化，在实际中可作为氧枪实际

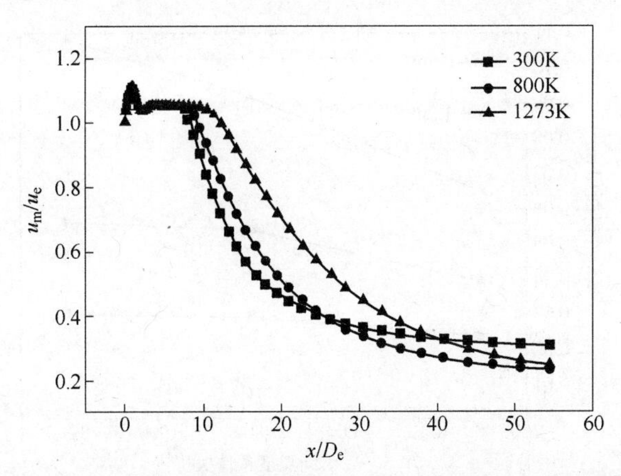

图4-19 滞止压力为0.796MPa时，射流中心线上的速度随环境温度的变化情况

u_m—射流中心线上的速度，m/s；u_e—喷管出口速度，m/s；

x—喷管与测点的距离，m；D_e—喷管出口直径，m

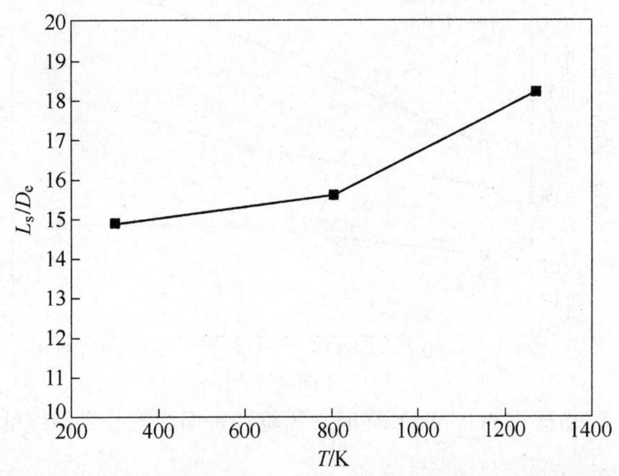

图4-20 在设计工况压力条件下，超声速区域长度随外界温度的变化规律

操作曲线的调解范围在扩大[6]。

4.4.3.2 环境温度对射流纵向各横截面流场的影响

本节研究距离拉瓦尔喷管出口0.5m、0.8m、1.2m（相当于x/D_e = 22.7、36.4、54.5）处，不同滞止压力、环境温度下射流纵向各横截面的特征。

图4-21和图4-22分别为驱动压力0.796MPa和0.896MPa条件下，射流径向扩展（冲击面积）随环境温度的变化规律。由图可以看出在同一温度下，不同截面位置上，氧枪冲击面积的大小随驱动压力的变化比较小；而同截面位置上，随环境温度的提高，氧枪冲击面积随距喷口距离的增大而有明显增大的趋势；在同一温度下，随距喷口距离的增加，氧枪冲击面积的变化比较明显。

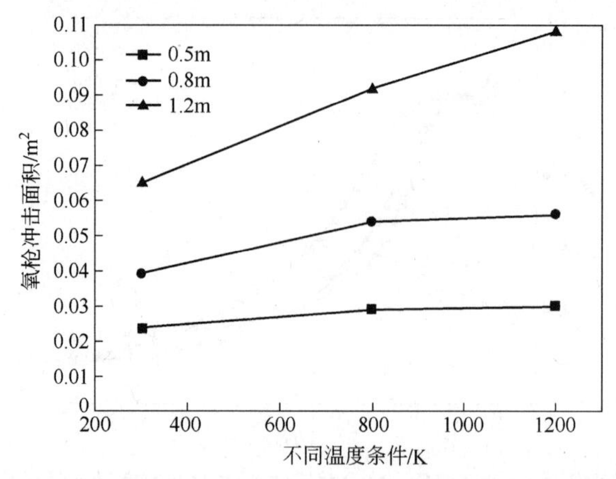

图4－21 驱动压力为0.796MPa时，氧枪冲击面积随外界温度的变化规律

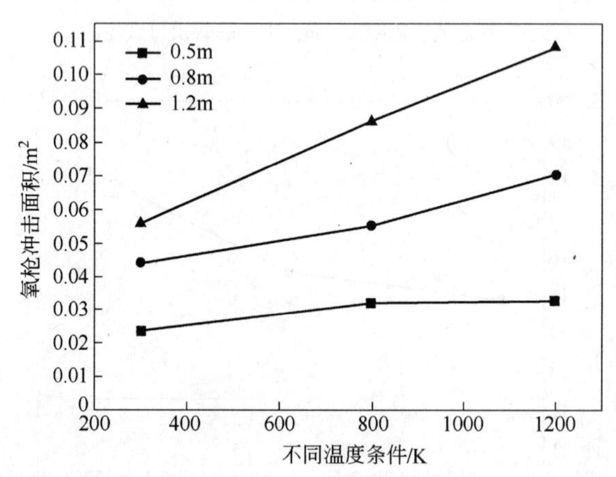

图4－22 驱动压力为0.896MPa时，氧枪冲击面积随外界温度的变化规律

4.5 聚合射流流场的数值模拟分析

通过对射流流动特性的理论分析，以及考虑到转炉炼钢氧枪的实际工作情况，本节从副孔结构参数的变化、副孔工艺参数的变化以及环境温度的变化几方面出发进行数值模拟计算，分析氮气伴随时的聚合氧气射流流场特性。

4.5.1 副孔结构参数对主射流轴线上速度衰减规律的影响

4.5.1.1 副孔采用直筒型时直径变化对中心射流轴线上速度衰减规律的影响

图4－23所示为环境温度为300K，伴随温度为300K，中心孔处于设计工况，

副孔直径分别为0.005m和0.010m两种情况下，副孔入口压力分别为0.12MPa、0.16 MPa、0.20MPa时，中心射流沿轴线的衰减规律。可以看出不同的副孔半径其轴线上的速度衰减呈同一规律变化，随着副孔氦气压力的增加，衰减逐渐减缓。

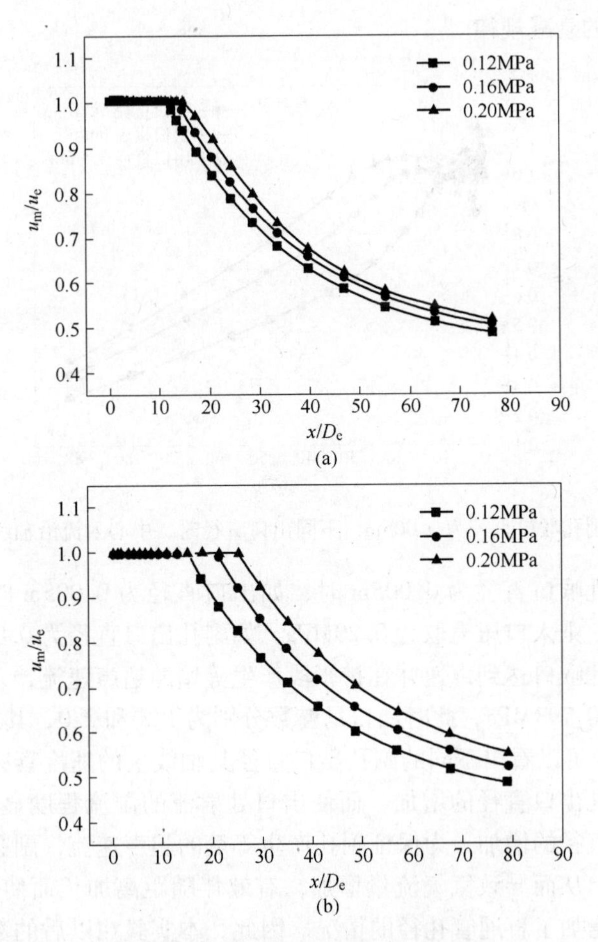

图4-23 中心射流轴线上速度分布

（a）副孔直径为0.005m时；（b）副孔直径为0.010m时

图4-23（a）中，副孔直径为0.005m时，随着氦气入口压力的增加，核心区长度在（12~17）D_e范围内呈增加趋势，轴线速度衰减在减缓，曲线变化平缓。而副孔半径增加到0.010m时，如图4-23（b）所示，核心区长度在（15~25）D_e范围内呈增加趋势，速度衰减明显减缓，减缓程度比前者大得多，而且压力的增加对其影响程度比前者更剧烈，这是由于孔径的加大导致氦气流量增加，有效伴随距离加长。

4.5.1.2 副孔采用直—扩型喷管时，中心射流轴线上速度衰减规律

图4－24所示为环境温度为300K，中心孔处于设计工况，伴随温度为300K，副孔喉口直径为0.005m，但出口直径分别为0.005m、0.006m、0.0065m时，中心射流沿轴线的衰减规律。

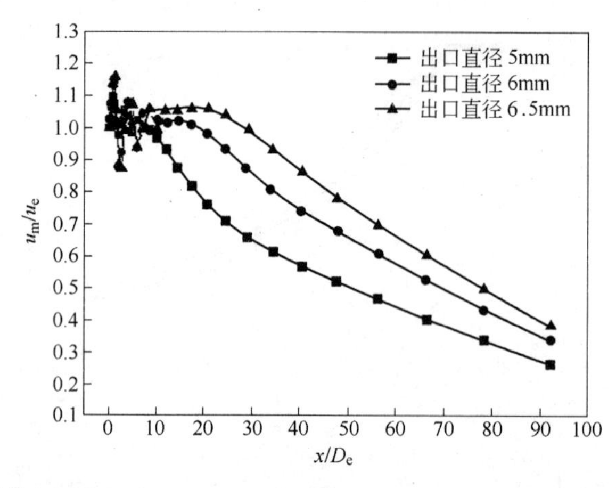

图4－24 副孔喉口直径为0.005m，不同出口直径时，中心射流沿轴线的衰减情况

当保持副孔喉口直径为0.005m时，如出口直径为0.005m时，为保证副孔出口达到声速，则入口压力取为0.20MPa；如副孔出口直径为0.006m、0.0065m时，为保证副孔喉口达到声速并在扩张段产生等熵的超声速流，入口压力分别取为0.582MPa、0.793MPa，此时出口马赫数分别为1.8和2.0，其理论详见第2.1节。由图4－24可以看出不同的副孔出口直径其轴线上的速度衰减呈同一规律变化，但随着副孔出口直径的增加，而使出口处射流的湍流程度显著增大。同时，随着副孔出口直径的增加，为保证副孔产生等熵的超声速流，副孔伴随流氦气压力也随之增加，从而导致氦气流量增加，有效伴随距离加长而使衰减逐渐减缓。其效果相当于增加了直通管孔径的情况。因此，本实验在以后的数值模拟中选取直通管，其孔径为0.005m。

4.5.1.3 主副孔间距变化对中心射流轴线上速度衰减规律的影响

图4－25所示为环境温度为300K，伴随温度为300K，中心孔处于设计工况，副孔直径为0.005m，副孔入口压力0.20MPa，主副孔间距分别为0.006m、0.012m、0.018m时，中心射流沿轴线的衰减情况。

由图4－25可以看出，不同主副孔间距对中心射流沿轴线的衰减影响并不大，但当主副孔间距较大时，出口处射流的湍流程度明显增大。因此本实验数值模拟中主副孔间距选择为0.012m。

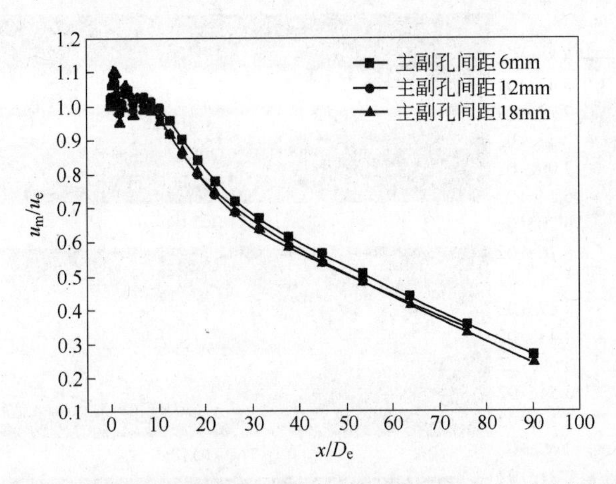

图 4-25 主副孔间距变化对中心射流轴线上速度衰减规律的影响

4.5.2 副孔工艺参数对中心主射流流场分布规律的影响

4.5.2.1 副孔压力变化对中心主射流轴线上速度衰减规律的影响

从速度场云图中可以清楚地看到射流流场的发展情况，如图 4-26（a）所示，以环境温度为 300K 为例，中心孔处于设计工况，副孔氮气压力分别为 0.12MPa、0.16 MPa、0.20 MPa 时射流的速度场分布规律。

图 4-26（a）左边坐标表示速度值，单位是 m/s。随着副孔压力的增加，射流轴线上的高速区域逐渐变长，即射流的衰减逐渐变缓。图中深色速度为零的区域随着射流的发展逐渐地缩小，这种现象是由于射流的沿程卷吸作用造成的。

如图 4-26（b）所示以环境温度为 300K 为例，主孔为设计压力，副孔压力分别为 0.12MPa、0.16 MPa 和 0.20 MPa 时的密度场云图。

可以很直观地看出，随着副孔压力的增加，氮气所产生的低密度保护区域在加长，这样中心射流的上游就处在低密度的环境中，减少了对周围介质的卷吸，使得射流核心区长度增大且沿轴向速度的衰减变缓慢。

4.5.2.2 副孔压力变化对射流横截面上的速度分布的影响

图 4-27 所示为以环境温度为 300K，伴随温度为 300K，主孔为设计压力，副孔伴随流压力分别为 0.12MPa、0.16MPa、0.20MPa 时射流横截面上的变化规律。随着伴随流压力的增加，射流的横截面只在半径为 0.025m 的范围内有沿径向扩散的趋势，说明伴随流压力的变化对射流的径向影响是微小的。与同情况下无伴随流相比，伴随流的存在减小了射流的径向扩散，使得射流在同样的出口距离内保持相对聚合的状态。

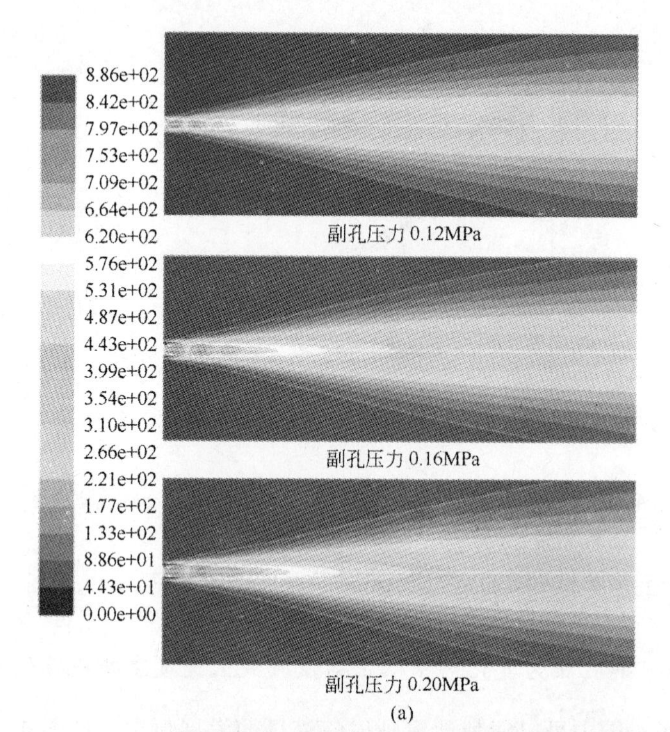

(a)

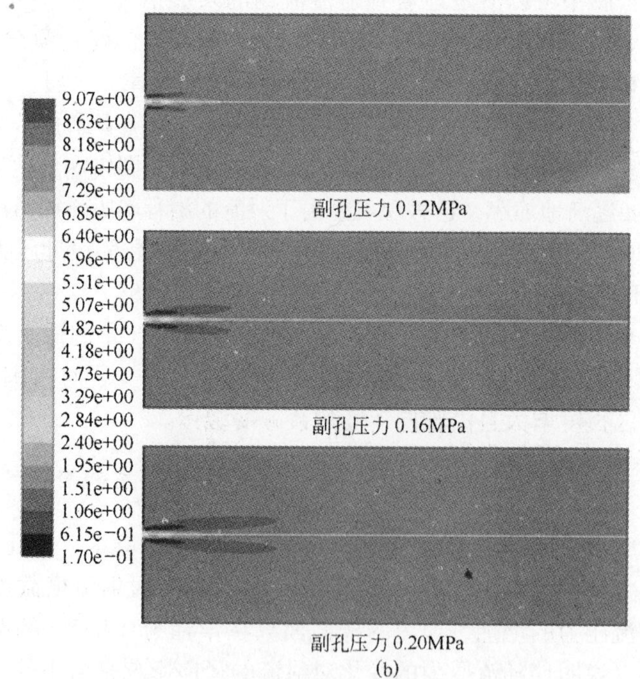

(b)

图 4－26　云图

（a）速度场；（b）密度场

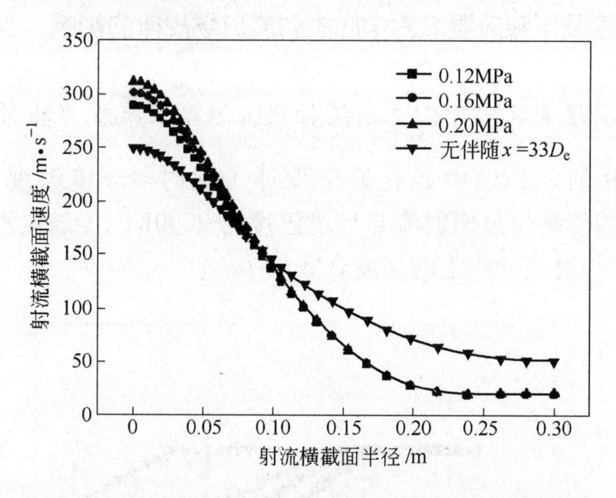

图4－27 副孔压力对射流横截面速度分布的影响

图4－28 所示为环境温度为 300K 时，伴随温度为 300K，伴随流压力 0.20MPa，距离出口 $10D_e$、$20D_e$、$30D_e$ 处的横截面上的速度分布，同传统无伴随流在距离出口 $30D_e$ 处速度分布规律对比。可以看出，具有伴随流的射流在距离出口 $10D_e$、$20D_e$ 处基本能保持出口直径和速度的聚合状态，在 $30D_e$ 处虽然轴线上的速度衰减，而且径向发生了扩展，但轴线上的速度仍然是超声速，而传统无伴随射流在此处已衰减为亚声速。此结论与前面第一章提到的普莱克斯（Praxair）的中心技术人员研究结果具有相似性。

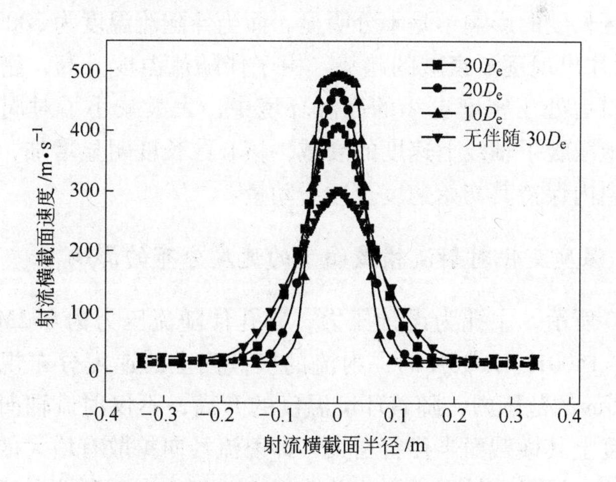

图4－28 不同横截面上的速度分布情况

4.5.3 环境温度及伴随流温度对中心主射流流场规律的影响

4.5.3.1 温度变化对中心主射流轴线上速度衰减规律的影响

如图 4 - 29 所示，以中心孔处于设计工况时，环境温度分别为 1000K、1500K、2000K 的传统超声速射流与环境温度为 2000K，伴随流温度为 3000K 的聚合射流时的中心射流轴线上的速度衰减规律。

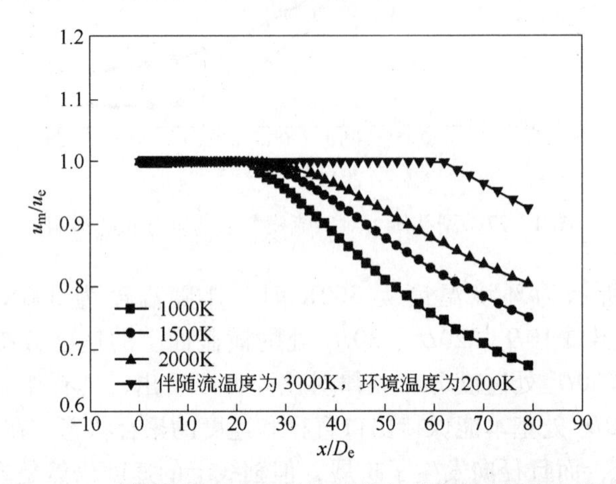

图 4 - 29 环境温度对中心射流轴线上速度衰减规律的影响

由图 4 - 29 可以看出，环境温度的升高可以使中心射流轴线上的速度衰减变慢，但对核心区长度的影响不是十分明显，而当伴随流温度为 3000K 时，中心射流在 $60D_e$ 以后才出现逐渐衰减的趋势。由于伴随流温度升高，密度减小，使得中心射流在出口后处于密度更小的高温环境中，大大减小了对周围介质的卷吸量，更大程度地减缓了轴线上速度的衰减，核心区长度明显增加，使中心射流在距喷嘴更长距离内保持其初始速度及冲击动量。

4.5.3.2 温度变化对射流横截面上的速度分布的影响

如图 4 - 30 所示，主孔为设计压力，副孔伴随流压力为 0.2MPa，环境温度分别为 1000K、1500K、2000K 时，射流的横截面上的速度分布规律。可以看出在半径为 0.175m 的范围内，随着环境温度的升高，不仅射流轴向速度衰减减缓且同一轴向速度上其横截面半径将增大，即射流径向扩散有增大的趋势，对比发现有、无伴随流对沿径向扩展的影响并非很大，相比之下环境温度对射流径向扩展增大趋势的影响是很明显的。

从以上分析可知，对低密度伴随聚合射流氧枪来说，环境温度的升高会导致射流径向膨胀，即射流流股的扩散，这种现象是十分明显的，而且呈现出类似的

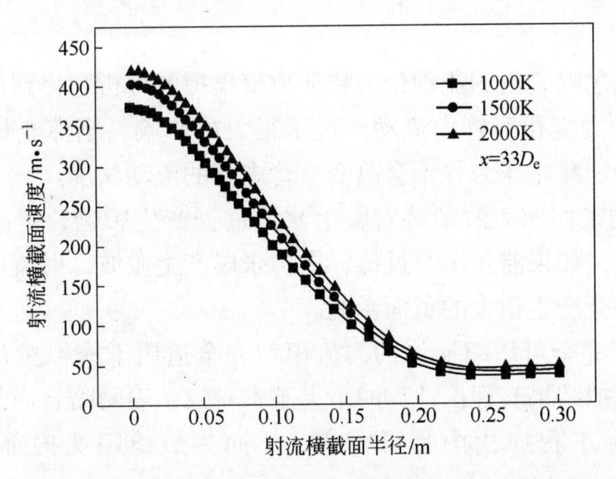

图 4-30 环境温度的变化对射流横截面速度分布的影响

规律性变化。

如图 4-31 所示，中心孔处于设计工况，环境温度为 2000K，伴随流温度为 3000K 时，距离出口 $40D_e$、$60D_e$、$80D_e$ 处与无伴随流在 $60D_e$ 处横截面上的速度分布规律的对比。与图 4-28 相比，环境温度的升高使射流在径向发生了明显的扩散。且由于处在周围高温低密度伴随流的保护之下，在距离出口 $40D_e$、$60D_e$ 处的轴线中心射流仍能保持出口速度，甚至在 $80D_e$ 处仍能保持较高的速度而处于相对聚合的状态，相比之下传统无伴随流射流与有高温低密度伴随流时在 $60D_e$ 处沿径向扩散幅度具有相似性，但轴线中心射流所具有的冲击力已明显减小。

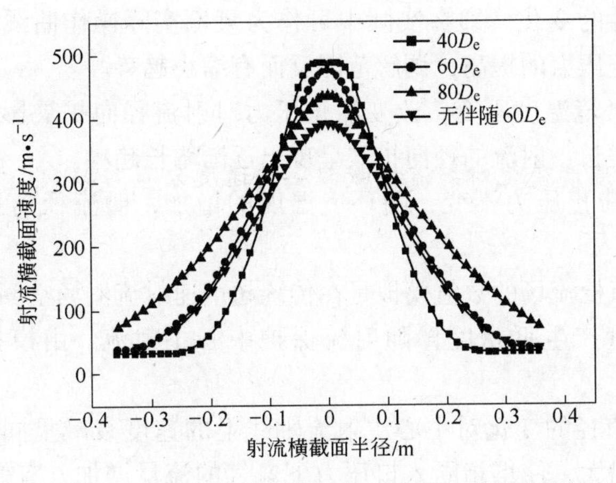

图 4-31 温度变化在不同横截面上的速度分布情况

4.6 结论

通过对拉瓦尔喷管内的流动行为特征数值模拟的分析，得到如下结论：

（1）滞止压力变化对管内流动产生了很大的影响，当滞止压力达到理论设计氧压后，再增加滞止压力并不会改变喷管内部的流动状况。

（2）氧枪的工作压力波动将对整个吹炼过程产生影响，提高滞止压力将在管外产生膨胀波，如果滞止压力过低，在扩张段产生激波，射流由超声速变为亚声速，对冶炼将会产生很大的负面影响。

（3）验证了完全可压缩流体的湍流模型完全适用于模拟拉瓦尔喷管内的流动问题。数值模拟结果与理论计算的结果基本一致，表明喷管内气体流场特性的数值模拟在实际工程应用中是可行的，从而为氧枪喷头内部结构优化提供参考[7]。

（4）在设计、制造喷管这一类部件时，必须充分考虑喷管在非设计工况下运行时流场的变化趋势，对喷管各区域的制造工艺等应予以重视和改进。与渐缩喷管等其他喷管相比，本节所讨论的拉瓦尔喷管的流场规律相对比较复杂，其理论、方法和结论同样也可运用于其他喷管的优化设计和研究。

通过对传统超声速射流氧枪射流流场特性的研究得出以下结论：

（1）喷管内产生激波时，其速度的衰减非常快，实际中要避免此现象的发生。非工况程度在设计工况压力范围内作适当的调节（$n = 0.75 \sim 1.25$）是允许的。

（2）随着滞止压力、环境温度的提高，射流中心线上的速度衰减减慢，超声速区域长度成比例的增高。且随环境温度的提高，速度衰减规律在更大的范围内呈现出规律性的变化，即在实际中可作为氧枪实际操作曲线的调解范围在扩大。但随着滞止压力的提高，调解范围反而有缩小趋势。

（3）保持环境温度不变，改变滞止压力对射流径向扩展影响不大；但随着测点距离逐步增长，射流的径向扩展呈现出逐渐增长趋势。

（4）保持滞止压力不变，随环境温度的增加，射流径向扩展呈明显增大趋势。

聚合射流氧枪流场的数值模拟是在传统超声速射流流场空间结构基础上增加副孔，通以氦气产生低密度伴随射流保护中心主射流。由模拟结果得出以下结论：

（1）副孔直径的变化对中心主射流轴线上的速度衰减呈同一规律变化。随着副孔直径的增大，使得相同入口压力下氦气的流量增加，有效伴随距离加长，产生更好的伴随效果；主副孔间距对轴线上的速度影响不大，但对喷管出口湍流度影响较大。

（2）副孔氦气滞止压力的增加使其有效伴随距离在加长，中心主射流的轴向衰减变得缓慢，获得了比无伴随流情况下更长的超声速区域；同时伴随流的存在减小了射流的径向扩散，使得射流在同样的出口距离内保持相对聚合的状态。

（3）环境温度的升高不仅使射流轴向速度衰减减缓，而且对射流径向扩展增大趋势的影响也是很显著的。

（4）伴随流温度的升高能更大程度地减缓轴线上速度的衰减，使核心区长度增加得非常明显，使中心主射流在距喷嘴更长距离内保持其初始速度及冲击动量。

参考文献

[1] 刘坤．超声速聚合射流氧枪射流行为的数学物理模拟研究［D］．沈阳：东北大学，2008.

[2] 吕国成．超声速聚合射流氧枪射流特性的基础研究［D］．沈阳：辽宁科技大学，2009.

[3] 刘坤，冯亮花，高茵．单孔氧枪喷头射流流场的仿真研究［C］//2007 年中国钢铁年会论文集，2007：4 ~ 32.

[4] 刘坤，朱苗勇，王滢冰．聚合射流流场的仿真模拟［J］．钢铁研究学报，2008，20（12）：14 ~ 17.

[5] 刘坤，朱苗勇，高茵，等．单孔氧枪喷头射流流场的仿真研究［J］．特殊钢，2007，28（5）：1 ~ 3.

[6] 刘坤，朱苗勇，高茵，等．轴对称湍流射流流场的数值模拟［J］．炼钢，2008，24（1）：47 ~ 50.

[7] 吕国成，刘坤．氧枪喷头 Laval 喷管内流场的数值模拟［J］．特殊钢，2009，30（3）：4 ~ 6.

5 聚合射流与熔池相互作用规律的物理模拟

氧气经过氧枪喷头流出，形成了氧射流，氧射流经过高温炉气，冲击在铁水熔池表面上，或穿入熔池，引起了熔池铁水运动，起机械搅拌作用。若机械搅拌作用强，而且均匀，则冶炼过程化学反应快，冶炼平稳，效率高，有利于各项生产技术经济指标的提高。而氧射流所产生的机械搅拌作用的强弱、均匀程度则取决于射流与熔池相互作用的情况。因此，研究射流与熔池相互作用问题，对于了解氧气顶吹转炉的工作原理和指导氧气顶吹转炉的实际冶炼有着重要的意义。

5.1 物理模型实验研究方法

在气体射流的作用下，金属液发生循环运动。如果循环和混合较快，就是反应速度加快，也加速熔池内部的成分和温度的均匀化，加快反应产物的排除等，因此，金属液的循环是一个非常重要的问题。混匀时间是吹气设备用来表示其熔池内混合特性的一个重要参数。由于设备自身特性及搅拌条件的不同，各种设备都有其特定的混匀时间。在进行测定时，混匀时间可以规定如下[1]：若 C 为 t 时间内测得的 NaCl 溶液（示踪剂）浓度，C_∞ 为完全混合浓度，从理论上来说 $C/C_\infty=1$ 时就达到了完全混匀。实际上通常规定允许有 ±5% 以内的不均匀性，即认为 $0.95<C/C_\infty<1.05$ 时就认为混合均匀。

早在20世纪70年代，人们就开始了对反应器混匀时间的研究，主要是围绕各种参数，如喷吹气量、熔池的直径和高度、喷嘴位置和数目等对混匀时间的影响，通过建立各种经验公式、理论模型来进行的，到目前为止已有大量的研究结果相继发表。混匀时间的测量方法有3种：

（1）电导电极法：测定溶池搅拌混匀状况应用最普遍的方法是电导电极法。在熔池下部置一电导电极，实验时向熔池液面注入一定浓度的定量 NaCl 溶液。NaCl 溶液的加入位置一般是在与电导电极相对的另一侧。当 NaCl 溶液加入后，溶池中电导率会发生变化，当溶液的电导率值稳定时可认为熔池已搅匀。混匀时间即是溶液开始加入至电导电极输出之电位差变化（以电子电位差计记录）达到稳定值的时间。

（2）激光—光电测匀法：具有高度集中和强烈穿透性的激光通过熔池液体，

射于炉壁外层的光电管上，即可产生光电效应，并接通一个控制电路，该电路两端有电势，光电效应的强弱，引起电势值相应的变化，将此值输入电子电位差计便可记录。当两相介质不相混淆时，激光安全通过水溶液，此时在记录仪上显示最大电势毫伏数。当两介质在气流作用下不断相混时，混合液透光能力逐渐减弱，直到形成安全不透光的乳浊液时，电势值变小，从电势的变化可反映熔池搅拌效果的变化，这样可测得不同操作条件下的混匀效果。

（3）酸度（pH 值）变化测定法：熔池搅拌混匀程度也可用 pH 值的变化来反映。用 pH 酸度计测定熔池中 pH 值的变化。当熔池中 pH 值不变时，即可认为熔池已混匀。

本实验中采用第一种方法——电导电极法测定混匀时间。

5.2 实验研究的主要内容

本实验模拟了某钢厂 180t 复吹转炉中心夹角为 11.5°的四孔拉瓦尔氧枪射流与炼钢熔池之间的相互作用情况。依据相似理论针对复吹转炉模型比为 1∶10，设计并制作了超声速射流氧枪，确定了模拟实验中的各操作工艺参数，同时布置不同的底枪位置来测量搅拌对混匀时间的影响，结合不同的顶枪枪位，从而找出最佳的复吹转炉工艺参数，所得结果对于现有的复吹转炉的实际生产具有指导意义；再堵住底枪同时以降低枪位（即提高射流到达液面马赫数）模拟聚合射流氧枪转炉冶炼效果。验证在相同顶吹气体流量的条件下，聚合射流氧枪可否达到顶底复吹的搅拌效果，以取消底吹系统，简化转炉设备，提高转炉炉龄的目的。

主要研究内容如下：

（1）底吹实验。底吹气体流量、喷嘴位置、喷嘴数目与混匀时间的关系，确定最佳底吹喷嘴数目、喷嘴位置和底吹气体流量；观察超声速射流与溶池的作用时喷溅情况和冲击模式等现象，得出最佳的底吹工艺参数。

（2）顶底复吹实验。在保证最佳的底吹流量和位置不变的情况下，通过不断变换氧枪位置和流量，测出混匀时间，从而找出最佳的枪位和流量；观察超声速射流与溶池的作用现象，喷溅情况和冲击深度等，得出最佳的顶底复吹工艺参数。

（3）聚合射流实验。在保证最佳的复吹实验中顶吹流量不变的情况下，将底枪全部堵死，用降低顶枪枪位的办法来模拟聚合射流氧枪，测量并观察当顶枪枪位降到一定程度时，可否达到顶底复吹的搅拌效果。

5.3 实验装置及参数

5.3.1 实验装置

实验装置的基本组成和部分设备（图 5－1～图 5－3）如下：

（1）由转炉、喷枪和熔池组成的吹炼系统；

（2）由压力表、浮子流量计组成的气体流量系统；

（3）由电导探头、电导率仪、功率放大器和带模/数转换卡的计算机组成的数据记录系统。

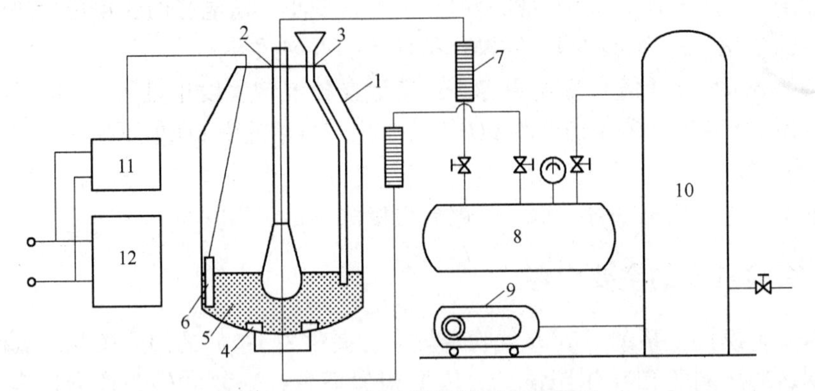

图 5－1 180t 复吹转炉模拟实验装置

1—转炉；2—氧枪；3—玻璃管；4—底供气元件；5—水；6—电导电极；7—浮子流量计；8—稳压管；9—空气压缩机；10—储气罐；11—电导率仪；12—函数记录仪

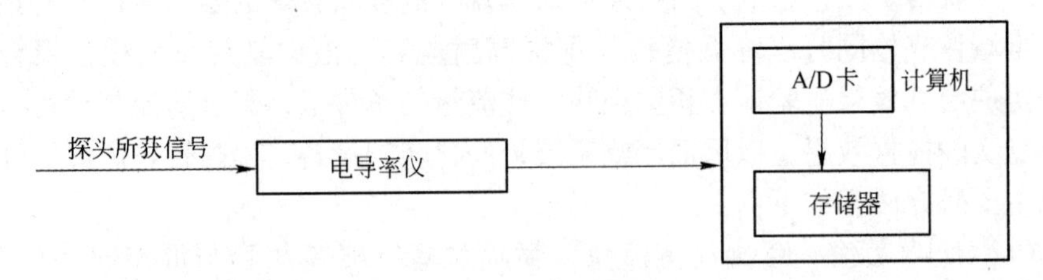

图 5－2 实验数据采集过程

5.3.2 复吹转炉结构参数与操作参数

某钢厂 180t 复吹转炉的结构参数及操作参数见表 5－1。

表 5－1 复吹转炉的结构参数及操作参数

顶枪枪位/cm	120～220
顶枪流量（标态）/$m^3 \cdot h^{-1}$	32000
顶枪压力/MPa	0.8～1.2
底枪流量（标态）/$m^3 \cdot h^{-1}$	480～624
熔池直径/mm	5150
熔池深度/mm	1680

(a)

(b)

(c)

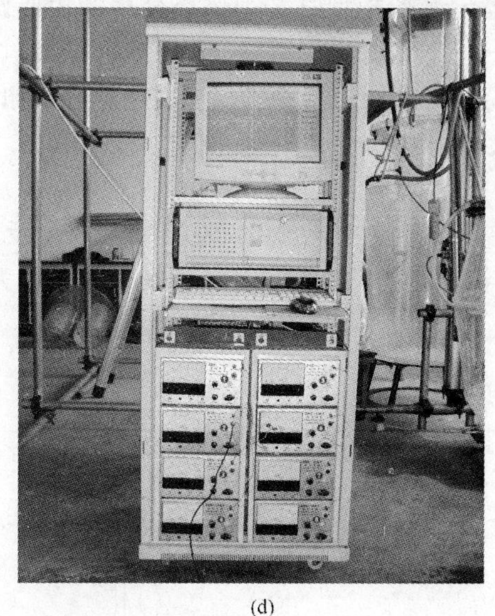
(d)

图 5－3 实验所用的部分设备

（a）转炉和氧枪模型；（b）空气压缩机；（c）储气罐；（d）计算机和数据采集卡

5.4 物理模型的建立

本实验采用的是近似模型的研究方法，用水来模拟钢液，压缩空气模拟氧气和氮气来进行冷态实验。20℃水与 1600℃钢水物理特性见表 5－2。

表 5－2 水和钢液的物理性能

物理性能	密度 ρ /kg · m^{-3}	表面张力 σ /N · m^{-1}	黏度 μ/Pa · s	运动黏度 ν/m^2 · s^{-1}
20℃水	998	7.3×10^{-2}	1.019×10^{-3}	1.0×10^{-6}
1600℃钢液	7080	1.6	6.4×10^{-3}	0.9×10^{-6}

5.4.1 相似准数

根据相似原理，在建立复吹转炉物理模型时，主要考虑原型与模型的几何相似和动力相似。对于几何相似，主要应考虑选择合适的相似比，一般根据现场实际情况和文献报道及实验室条件来选择。相似比是实物某一主要物理量与模型同一物理量的比值。

几何相似比可以表示为：

$$m = L_p/L_m \tag{5-1}$$

式中 L_p——实物几何尺寸，m；

L_m——模型几何尺寸，m。

由上式可知，相似比越大，模型尺寸越小；相似比越小，则模型尺寸越大。在设计实验模型时必须选择合适的相似比。如果相似比过大，即模型尺寸过小时，可信度降低，不易得出正确的结果；如果相似比过小，即模型尺寸过大，实验条件难以保证且模拟实验费用也会增加。根据转炉炼钢的具体情况和实验室条件，本次实验中的几何相似比取为10∶1。

流体运动的相似，是力学相似的结果。因此研究复吹转炉熔池的运动时，必须从它们的受力分析出发。在不考虑C－O反应的情况下，决定复吹转炉内流体运动状态的力主要有以下几种：重力、表面张力、黏性力以及顶吹气体的作用力和底吹气体的作用力。但是能够引起钢水宏观运动的，主要还是后两者，即氧气射流冲击到熔池表面上，因气体动量的变化而产生的冲力，以及底吹气体的吹入而带入熔池的动能和气体产生的浮力。由于气体吹入分裂液滴的作用，以及不稳定的气－液表面对液层的剪切作用，以致在底部供气元件上方较低的区域中，就使气体带入系统的绝大多数动能都消耗掉了。这样一来，底吹气体的作用主要表现为底吹气体所产生的浮力。正是由于这两个力的作用，熔池内的钢水激烈地运动起来。

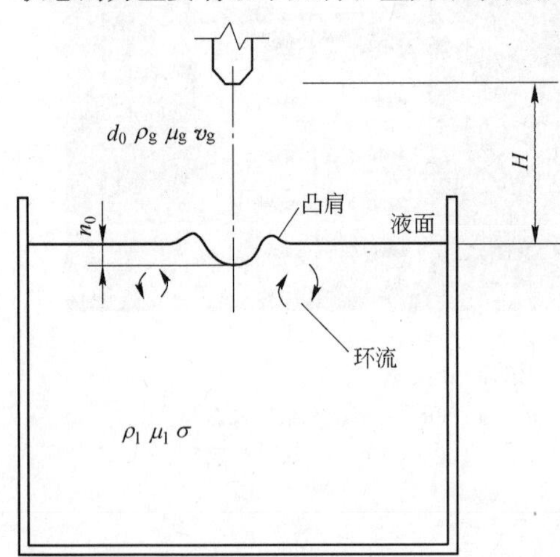

图5－4 气体射流冲击液面示意图

n_0—冲击深度，m；ρ—密度，kg/m^3；μ—黏度系数；σ—液体表面张力，N/m；H—枪位，m；d_0—氧枪喷头出口直径，m；v_g—氧枪喷头出口流速，m/s（下角g和l分别表示气体和液体）

实验的相似准数将在相似理论的指导之下，根据量纲分析法进行推导。以射流冲击熔池液面冲击深度为例进行推导，射流冲击液面的各个参数如图5－4

所示[2]。

（1）现象涉及到的物理量为 n_0 、ρ_g 、ρ_l 、H 、μ_g 、μ_l 、d_0 、v_g 、σ ，写成函数形式为：

$$f(n_0,\rho_g,\rho_l,g,H,\mu_g,\mu_l,d_0,v_g,\sigma) = 0 \tag{5-2}$$

忽略对冲击深度影响较小的因素：液体表面张力 σ 和液体与气体的黏度系数 μ_l 和 μ_g 不计。于是式（5-2）可写成：

$$f(n_0,\rho_g,\rho_l,g,H,d_0,v_g) = 0 \tag{5-3}$$

（2）列出式（5-3）中所有物理量的量纲：

$$n_0[L] \qquad \rho_g[ML^{-3}] \qquad \rho_l[ML^{-3}] \qquad H[L]$$

$$g[Lt^{-2}] \qquad d_0[L] \qquad v_g[Lt^{-1}]$$

（3）选择量纲独立量的原则如下：

1）量纲独立个数 = 量纲基本量个数。

2）量纲独立量量纲是独立的，不能由其他量纲导出。

3）量纲独立量选择：

①从几何相似选择：长度量，喷头出口直径 $d_0[L]$ 以保证几何相似；

②保证运动相似：射流出口速度 $v_g[Lt^{-1}]$ ；

③保证动力相似：密度 $\rho_l[ML^{-3}]$（因为主要考察熔池内液体的情况，故采用液体的密度 $\rho_l[ML^{-3}]$，而不是用气体的密度 $\rho_g[ML^{-3}]$）。

（4）从三个物理量以外的物理量中，每次轮取一个物理量连同这三个物理量组成一个无量纲的 Π ，可写成 $n-3$ 个 Π，即

$$\Pi_1 = \frac{g}{v_g^{a_1}\rho_l^{b_1}d_0^{c_1}} \qquad \Pi_2 = \frac{n_0}{v_g^{a_2}\rho_l^{b_2}d_0^{c_2}}$$

$$\Pi_3 = \frac{\rho_g}{v_g^{a_3}\rho_l^{b_3}d_0^{c_3}} \qquad \Pi_4 = \frac{H}{v_g^{a_4}\rho_l^{b_4}d_0^{c_4}} \tag{5-4}$$

（5）由相似准数的量纲为零这一性质确定 a_i,b_i,c_i（$i=1$，2，3）。

以 Π_1 为例：$\Pi_1 = \dfrac{[Lt^{-2}]}{[Lt^{-1}]^{a_1}[ML^{-3}]^{b_1}[L]^{c_1}}$

对 $[M]$：$0 = b_1$ ，$[L]$：$1 = a_1 - 3b_1 + c_1$ ，$[t]$：$-2 = -a_1$；

所以$a_1 = 2, b_1 = 0, c_1 = -1$ ；

$$\Pi_1 = \frac{g}{v_g^2 d_0^{-1}} = \frac{gd_0}{v_g^2} = \frac{1}{Fr};$$

同理$\Pi_2 = \dfrac{n_0}{d_0}$, $\Pi_3 = \dfrac{\rho_g}{\rho_l}$, $\Pi_4 = \dfrac{H}{d_0}$ 。

（6）由相似第三定理整理出准数方程式：

$$\frac{n_0}{d_0} = f\left(\frac{\rho_g}{\rho_l},\frac{H}{d_0},Fr\right) \tag{5-5}$$

可见，在保证几何相似的条件下，对射流冲击熔池液面的问题起着决定性作用的因素为 $\frac{\rho_g}{\rho_l} \cdot Fr$ 。其中 $Fr = \frac{v_g^2}{gd_0}$，表示重力与惯性力之比。故有：

$$\frac{n_0}{d_0} = f\left(\frac{\rho_g}{\rho_l} \cdot Fr\right) = f\left(\frac{\rho_g}{\rho_l} \cdot \frac{v_g^2}{gd_0}\right) \tag{5-6}$$

定义：

$$Fr' = \frac{v_g^2 \rho_g}{gd_0 \rho_l} \tag{5-7}$$

式中 v_g ——气流速度，m/s；

d_0 ——特征尺寸，m；

ρ_l ——液体密度，kg/m^3；

ρ_g ——气体密度，kg/m^3；

g ——重力加速度，m/s^2。

称 Fr' 为修正的 Froude 准数。与 Froude 准数相比，它是根据顶吹气体的冲力和底吹气体的浮力两个力作用强度的不同，以及水和钢液两种液体密度等的差异而定义的准数。在水模实验中，采用修正的 Froude 准数（Fr'）为相似准数。即当原型的修正 Froude 准数与模型的修正 Froude 准数相等时，原型与模型的流体运动状态相似。

5.4.2 模型几何尺寸的确定

5.4.2.1 实验用氧枪喷头的设计

本实验采用的是超声速射流氧枪（喷孔出口马赫数 $Ma = 2$）模拟实验。实验使用氧枪喷头结构尺寸设计如下：

根据相似理论可知实验的相似准数为修正 Froude 准数，其表达式为：

$$Fr' = \frac{v_g^2 \rho_g}{gd_0 \rho_l} \tag{5-8}$$

由 $Fr'_m = Fr'_p$，可得：

$$\frac{Q_m}{Q_p} = \left(\frac{d_{0m}}{d_{0p}}\right)^{\frac{5}{2}} \left(\frac{\rho_{gp}}{\rho_{gm}}\right)^{\frac{1}{2}} \left(\frac{\rho_{lm}}{\rho_{lp}}\right)^{\frac{1}{2}} \tag{5-9}$$

实验采用的几何相似比为 10∶1，原型的气体体积流量（标态）$Q_p = 32000m^3/h$，将有关参数值代入式（5－9）得到模型的气体体积流量（标态）$Q_m = 40.27m^3/h = 0.14429833kg/s$。

下面根据流量的计算公式来设计氧枪的尺寸：

$$Q = \sqrt{\frac{\gamma}{R}} \frac{p_0}{\sqrt{T_0}} Ma\left(1 + \frac{\gamma - 1}{2} Ma^2\right)^{-\frac{\gamma+1}{2(\gamma-1)}} F \text{ (kg/s)} \tag{5-10}$$

在氧枪喉口处 $Ma=1$，对于空气而言，$R=287.14$，$\gamma=1.4$。

将数值代入上式中，经化简得到喷管内最大流量与喉口面积之间的关系如下：

$$Q = 0.04041\frac{p_0}{\sqrt{T_0}}F_*\ (\mathrm{kg/s}) \tag{5-11}$$

由工艺要求出口处 $Ma=2$，查等熵流表，当 $Ma=2$ 时，$p/p_0=0.1278$，$p=0.10135\mathrm{MPa}$，则 $p_0=0.10135/0.1278=0.796\mathrm{MPa}$，滞止温度 $T_0=298\mathrm{K}$，所以喉口面积：

$$F_* = \frac{Q\sqrt{T_0}}{0.04041p_0} = \frac{0.14429833\times\sqrt{298}}{0.04041\times0.796\times10^6} = 7.80\ \mathrm{mm}^2 \tag{5-12}$$

从而喉口直径为：

$$d_* = \sqrt{\frac{4F_*}{\pi}} = \sqrt{\frac{4\times7.80}{3.14}} = 3.15\ \mathrm{mm} \tag{5-13}$$

由 $Ma=2$，查表有 $\frac{F_{出}}{F_*}=1.688$，故 $F_{出}=13.1664\ \mathrm{mm}^2$，则出口直径：

$$d_{出} = \sqrt{\frac{4F_{出}}{\pi}} = \sqrt{\frac{4\times13.1664}{3.14}} = 4.1\ \mathrm{mm} \tag{5-14}$$

5.4.2.2 实验用模型几何尺寸设计

本实验取几何相似比为10∶1。根据几何相似，可计算出模型的几何尺寸。以熔池直径为例，已知原型的熔池直径 d_p 为5150mm，则模型的熔池直径为：

$$d_\mathrm{m} = \frac{d_\mathrm{F}}{d_\mathrm{m}} = \frac{5150}{10} = 515\ \mathrm{mm} \tag{5-15}$$

用同样的方法可计算出模型的其他几何尺寸，将计算结果列入表5-3中。

表5-3 模型几何尺寸

类别	熔池直径/mm	熔池深度/mm	氧枪孔数	氧枪喉口直径/mm	氧枪出口直径/mm	拉瓦尔夹角/(°)	氧枪枪位/mm
原型	5150	1688	4	34	44.2	11.5	1200~2200
模型	515.0	168.8	1	3.15	4.10		120~220

实验中顶吹共采用了五个不同的氧枪枪位进行对比实验，采用的氧枪枪位值分别为130mm、150mm、170mm、190mm、210mm。

对于底吹共取了五个不同的同心圆位置分别是：$D_1=0.1$、$D_2=0.3$、$D_3=0.5$、$D_4=0.7$、$D_5=0.9$。（D_x 表示喷嘴所在同心圆直径与转炉炉体熔池直径之比）。

5.4.3 模型供气参数的确定

在建立复吹转炉物理模型时，要保证模型与原型的动力相似，则模型的修正 Froude 准数（Fr_m'）与原型的修正 Froude 准数（Fr_p'）相等[3]。

即
$$Fr'_m = Fr'_p \tag{5-16}$$

$$\frac{u_m^2}{gL_m}\cdot\frac{\rho_{gm}}{\rho_{lm}} = \frac{u_p^2}{gL_p}\cdot\frac{\rho_{gp}}{\rho_{lp}} \tag{5-17}$$

式中 u_m,u_p——分别为模型与原型氧枪喷头气流的特征速度，m/s；

ρ_{gm},ρ_{gp}——分别为模型与原型的气体密度，kg/m^3。

ρ_{lm},ρ_{lp}——分别为模型与原型的液体密度，kg/m^3；

L_m,L_p——分别为模型与原型的特征尺寸，m；

g——重力加速度，m/s^2。

由方程（5-17）可得：

$$\frac{u_m}{u_p} = \left(\frac{L_m}{L_p}\right)^{\frac{1}{2}}\left(\frac{\rho_{gp}}{\rho_{gm}}\right)^{\frac{1}{2}}\left(\frac{\rho_{lm}}{\rho_{lp}}\right)^{\frac{1}{2}} \tag{5-18}$$

又因为
$$Q_m = u_m\left(n\cdot\frac{\pi}{4}\cdot L_m^2\right)\times 3600 \tag{5-19}$$

$$Q_p = u_p\left(n\cdot\frac{\pi}{4}\cdot L_p^2\right)\times 3600 \tag{5-20}$$

式中 n——喷孔数目；

Q_m,Q_p——分别为模型和原型的气体流量（标态），m^3/h。

由式（5-19）及式（5-20）可有：

$$\frac{Q_m}{Q_p} = \left(\frac{u_m}{u_p}\right)\left(\frac{L_m}{L_p}\right)^2 \tag{5-21}$$

把式（5-18）代入式（5-21）得到模型气体流量 Q_m 与原型气体流量 Q_p 的关系：

$$\frac{Q_m}{Q_p} = \left(\frac{L_m}{L_p}\right)^{\frac{5}{2}}\left(\frac{\rho_{gp}}{\rho_{gm}}\right)^{\frac{1}{2}}\left(\frac{\rho_{lm}}{\rho_{lp}}\right)^{\frac{1}{2}} \tag{5-22}$$

现场中顶吹氧枪实际流量（标态）为 32000m^3/h，本实验中采用 30000～35000m^3/h 作为模拟现场的实际流量范围；底吹流量为 480m^3/h，本实验中采用 200～650m^3/h 作为模拟现场的实际流量范围。以此进行对比实验，得出顶吹气体流量、底吹气体流量对混匀时间、冲击深度及喷溅量等的影响。由式（5-22）以及流体的物理参数值得到流体动力相似的结果见表 5-4[4]。

表 5-4 顶吹及底吹的动力相似

吹气方式	熔池液体	顶(底)吹气体	气体密度 /kg·m^{-3}	液体密度 /kg·m^{-3}	气体流量(标态) /m^3·h^{-1}
原型	钢液	氧(氮)气	1.43	7000	顶吹：30000~35000 底吹：200~650
模型	水	空气	1.29	1000	顶吹：38~42 底吹：0.55~0.75

在本实验中顶吹、底吹各采用了5个不同的流量值进行对比实验，其流量值（标态）分别为顶吹气体流量：38m^3/h、39m^3/h、40m^3/h、41m^3/h、42 m^3/h；底吹气体流量：0.55m^3/h、0.60m^3/h、0.65m^3/h、0.70m^3/h、0.75m^3/h。

5.5 聚合射流氧枪物理模型实验

5.5.1 实验方案的制订与结果分析

以某钢厂180t复吹转炉为原型，在相似理论的指导下，进行了底吹、复吹及聚合射流物理模拟实验并进行分析，具体如下。

5.5.1.1 底吹实验

A 气体流量和喷嘴位置与混匀时间的关系

底吹气体流量和喷嘴位置均会对混匀时间产生较大的影响，在较低的流量时随流量的增加混匀时间有所增大，只有增大到一定程度时才随之减小。当流量不变时，随着喷嘴位置不断地接近0.3D_e，混匀时间不断地减小；而当喷嘴位置不变时，随流量的增大，混匀时间减小且趋近于某一定值。就本实验的结果来看，流量（标态）为0.70m^3/h时的四孔对称底吹在0.3D_e位置处得到最佳的熔池搅拌效果；而两孔不对称的最佳流量（标态）在0.65~0.70m^3/h之间，最佳喷嘴位置仍是0.3D_e处；两孔对称底吹的最佳工艺参数则存在于流量（标态）为0.65m^3/h时的0.7D_e位置处。

B 底吹气体流量和喷嘴位置对熔池喷溅量的影响

在底吹实验中几乎看不到喷溅，只有在喷嘴位置集中同时流量很大时才会有少量的小液滴从熔池中飞溅出液面，详见参考文献［5］。

5.5.1.2 复吹实验

研究在底部供气参数确定的情况下，熔池的混匀时间、冲击深度和冲击面积与顶枪枪位和顶枪流量的关系。由于在复吹转炉中，起搅拌作用的主要是底吹气体，因此实验时先定底吹的位置和流量，进而加入顶枪再测试工艺参数。实验所确定的底枪的位置是4孔对称0.3D_e处，模型的底吹流量（标态）为0.70m^3/h，其中顶吹氧枪的滞止压力为0.8MPa，得出的出口速度为超声速，马赫数为2.0。在保证底吹流量和位置不变的情况下，通过不断变换氧枪枪位和流量，测出混匀时间，从而找出最佳的枪位和流量，并且观察超声速射流与熔池的作用现象、喷溅情况和冲击深度等，得出最佳的顶枪工艺参数，具体如下。

A 顶吹气体流量、氧枪枪位与混匀时间的关系

顶吹气体流量和枪位对混匀时间均产生影响。混匀时间随枪位呈现出近似于“V”字形变化，随流量呈现出近似于“W”字形变化。在本实验的工艺参数范围内，顶吹气体流量与枪位对混匀时间都有较大的影响，最佳的工艺参数是枪位150mm，流量（标态）39m^3/h，相当于实际枪位1500mm，流量（标态）30800m^3/h。

B 顶吹气体流量、氧枪枪位与冲击深度的关系

顶吹气体流量和枪位均对冲击深度产生影响。且冲击深度随着气体流量和枪位的变化呈现出一定的规律性。冲击深度随着顶吹气体流量的增加而增加，随着氧枪枪位的降低而增加，并且这种变化规律明显，在变化的过程中其增加或减小的速率有所不同。在本实验的工艺参数范围内，顶吹气体流量对冲击深度的影响最大，氧枪枪位次之。详见参考文献[5]。

5.5.1.3 聚合射流实验

由某钢厂180t顶底复吹转炉冶炼过程看出，顶底复吹转炉的混匀时间普遍很短，最短的混匀时间只有11s，所对应的最佳枪位是150mm，最佳流量（标态）是39m^3/h，说明复吹转炉具有很强的搅拌能力。在实际生产中，搅拌除了顶底同时吹气外，顶吹氧生成的CO气泡也是生成搅拌的重要因素，工艺中往往在冶炼的前期和后期加大底吹搅拌，原因就在于中期生成的CO气泡就能部分地代替底吹气搅拌作用。

在实验室采用超声速射流氧枪进行水力学模型实验，以降低枪位方法（即提高射流到达液面马赫数）模拟聚合射流氧枪转炉冶炼效果。以此来验证聚合射流氧枪转炉冶炼技术可否取代顶底复吹转炉冶炼技术。

5.5.2 聚合射流氧枪实验的理论依据

以往人们采用枪位修正的方法[6]，以亚声速氧枪模拟超声速射流氧枪。本实验依据超声速射流和聚合射流的原理，同样采用枪位修正的方法，以超声速射流氧枪模拟聚合射流氧枪，如图5-5所示。

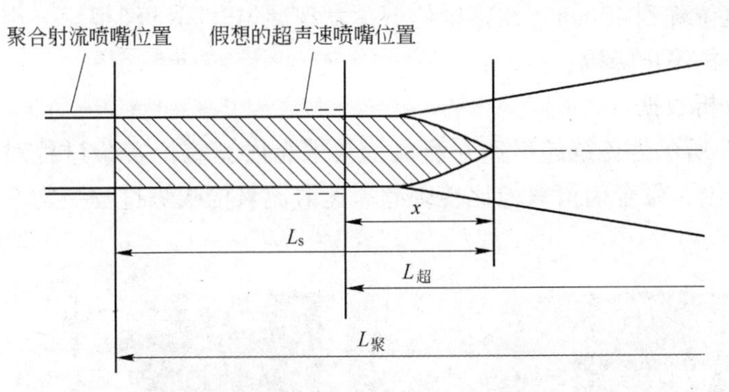

图 5－5 以模型的超声速射流模化原型的聚合射流示意图

$$L_{聚} = L_{超} + L_s - x \tag{5-23}$$

式中 $L_{聚}$——聚合射流氧枪枪位，m；

$L_{超}$——传统超声速射流氧枪枪位，m；

L_s——聚合射流氧枪超声速区长度，m；

x——传统超声速射流氧枪超声速区长度，m。

因为顶底复吹转炉的水力学模型实验的最佳枪位是 150mm，而氧枪的出口直径 $D_e = 4.1$mm，则 $x/D_e = 36.58$，当主孔压力为 0.796MPa，伴随流压力为 0.20MPa，则由图 4－23（b）可查该实验取得 $u_m/u_e = 0.85$。由图 4－14 可知，在设计工况条件下（即 $n = 1.00$ 时），可查该实验当 $u_m/u_e = 0.85$ 时，$x/D_e = 10$。由于 $D_e = 4.1$mm，所以 $x = 41$mm。

因为聚合射流氧枪技术的冲击面积的变化很小，而传统超声速射流在 41mm 低枪位时，冲击面积的变化也很小，所以可以忽略聚合射流和传统超声速射流的冲击面积差距。当传统超声速射流的枪位到达 41mm 时，搅拌效果近似于聚合射流氧枪的枪位在 150mm 时的搅拌效果，这就能够证明传统超声速射流可以通过改变枪位，模拟聚合射流。

5.5.3 实验步骤

在保持复吹最佳顶枪流量的同时，将底枪堵死，做纯顶吹实验；将顶枪的枪位每降一次枪位，读取此时数据，记录 5 次实验数据，然后求平均值；枪位直至降到小于顶底复吹的混匀时间为止。

（1）在顶底复吹最佳枪位和流量的基础上，将底枪堵死，做纯顶吹实验；

（2）在保持顶枪流量的同时，以这个最佳枪位为基础，将顶枪的枪位往下降用来模拟聚合射流；

（3）每降一次枪位（每次降枪 10mm），做 5 次实验，从记录仪上读取数据，记录 5 次实验数据，然后求平均值；

（4）枪位降到40mm（在该枪位下，发现混匀时间已经很短，小于顶底复吹的混匀时间）停止降枪；

（5）分析数据。

图5－6所示为传统超声速射流氧枪与聚合射流氧枪实验过程对比情况，从图中可以看出，聚合射流氧枪比传统超声速射流氧枪吹炼过程更加平稳，喷溅明显减少。

图5－6　传统超声速射流氧枪与聚合射流氧枪实验过程对比

5.5.4　实验数据整理

由顶底复吹转炉的实验数据可知，最短的混匀时间只有11s，该时间对应的最佳枪位是150mm，最佳流量（标态）是39m³/h，如图5－7所示。聚合射流氧枪模拟实验数据混匀时间随枪位变化的规律如图5－8所示。

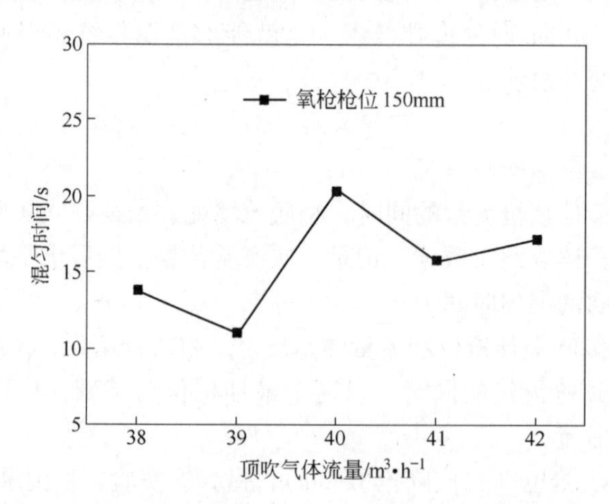

图5－7　复吹转炉最佳枪位下，混匀时间与流量的关系

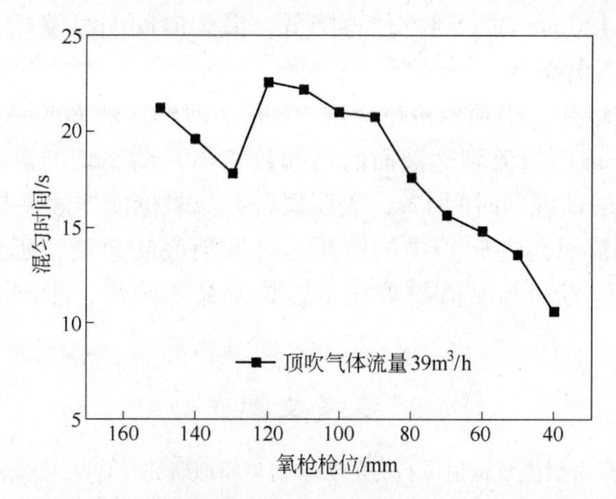

图 5-8 聚合射流氧枪混匀时间随枪位变化的规律

5.5.5 结果分析

从图 5-8 中可以看出，当枪位为 150mm，流量（标态）为 $39m^3/h$ 时，纯顶吹混匀时间是 21.2s，而顶底复吹的混匀时间为 11.0s；由于顶底复吹转炉中的氧枪最佳枪位高于纯顶吹的最佳枪位[2]，随着枪位的下降，混匀时间先减少而后又开始增长；由于射流的冲击深度和冲击面积共同决定了熔池的混匀时间，当流量保持不变，枪位不断下降时，冲击面积对混匀时间的影响越来越小，则影响混匀时间的主要因素只有冲击深度，所以枪位从 120mm 开始，混匀时间与枪位的关系趋于线性；当顶枪枪位小于 90mm 之后，可显著改善搅拌效果；当顶枪枪位为 40mm 时，射流对熔池的搅拌能很大，与顶底复吹的搅拌能相当接近。

综上所述，传统超声速射流在枪位不断下降时，混匀时间也会不断缩短，但是由于在实际的冶炼过程中，不仅要考虑混匀时间，还得考虑氧枪寿命和喷溅等因素，因此冶炼工艺是不允许使用低枪位操作的；通过对复吹转炉和聚合射流氧枪水模型实验混匀时间的对比，得出聚合射流氧枪可以在与顶底复吹技术搅拌效果相当的情况下，取消底吹系统。

5.6 结论

在实验室模拟某钢厂 180t 转炉冶炼过程，对比了顶吹、顶底复吹和聚合射流转炉冶炼搅拌效果，得出以下结论：

（1）在顶底复吹转炉水力学模型实验最佳顶枪枪位及最佳流量下，纯顶吹混匀时间为 21.2s，顶底复合吹炼的混匀时间为 11s，表明顶底复合吹炼可明显改善转炉搅拌效果。

（2）当底枪堵死，在保持顶底复吹转炉水力学模型实验的最佳顶枪流量时，当顶枪枪位降至120mm时，随枪位再降低，混匀时间明显缩短，表明聚合射流氧枪可改善转炉搅拌效果。

（3）当底枪堵死，当顶枪枪位降到40mm（即到达液面的马赫数与聚合射流氧枪枪位在150mm时射流到达液面的马赫数相当）时，均匀混合时间为10.6s，小于顶底复吹的最佳混匀时间11s，表明聚合射流氧枪搅拌效果与顶底复吹相当。

（4）聚合射流氧枪在转炉中的应用，可取消底吹系统，延长转炉寿命，并能够解决底吹转炉寿命与溅渣护炉技术转炉寿命不同步，影响转炉冶炼效率的难题。

参考文献

[1] 刘坤. 超声速聚合射流氧枪射流行为的数学物理模拟研究［D］. 沈阳：东北大学，2008.

[2] 包丽明，刘坤，吕国成，等. 转炉氧枪顶吹工艺的水力学研究［J］. 特殊钢，2007，28（5）：13～15.

[3] 包丽明，刘坤，吕国成，等. 180吨转炉底吹气体与熔池相互作用的水模型实验［J］. 特殊钢，2008，29（2）：18～20.

[4] 包丽明，刘坤，吕国成，等. 复吹转炉射流与钢水熔池相互作用的水模型试验［J］. 特殊钢，2008，29（5）：32～34.

[5] 包丽明. 聚合射流氧枪与熔池相互作用的水模型研究［D］. 鞍山：辽宁科技大学，2009.

[6] 冯春荣，杨伟健. 氧气顶吹炼钢中射流穿透深度的研究和理论分析［C］//氧枪文集，1986：23～24.

冶金工业出版社部分图书推荐